ζ オイラーの
ゼータ関数論

黒川 信重 著

現代数学社

はじめに

　オイラー（1707–1783）は現代数学の必須事項であるゼータ関数論の創始者である．オイラーは20代〜60代にわたってゼータ関数を研究し，重要な性質 ——オイラー定数（26歳），特殊値表示（28歳），オイラー積（30歳），関数等式（32歳），積分表示（61歳），$\zeta(3)$ の表示（65歳）—— を発見した．

　さらに，驚くべきことに，21世紀の絶対数学の主題である絶対ゼータ関数論・絶対保型形式論の研究も，オイラーは18世紀に早々と行っていた（1774〜1776；67歳〜69歳）．

　本書では，オイラーのゼータ関数論を原論文に沿って詳しく見る．そこには，オイラーの苦闘とともに，現代から未来にかけての大切なテーマが浮かび上がってくる．本書は，月刊誌『現代数学』2017年4月号〜2018年3月号にわたる全12回の連載が基になっている．オイラーが絶対ゼータ関数論・絶対保型形式論を研究していたことの公表は，この連載が初出である．連載を掲載して頂いた編集長の富田淳さんに深く感謝する．

　単行本化にあたり第13章を付けた．それは，オイラーから絶対保型形式を経由して深リーマン予想に至る道を示している．オイラーが発見したオイラー積から，深リーマン予想が構想され，リーマン予想の真の形として注目されている．その深リーマン予想の本質が，実は，絶対保型形式の無限大における零点にあるという明快な視点に至るのである．オイラーのおかげである．

　読者は，本書によってオイラーの真の理解へと邁進されたい．オイラーのめくるめくゼータ世界を楽しまれることを期待する．

2018年6月12日　　　黒川信重

目　次

はじめに i

第1章　オイラーと積分解 1

1.1　オイラーより前 1

1.2　オイラーの発見 6

1.3　オイラーの積分解 10

1.4　オイラーの後のゼータ関数論 11

1.5　深リーマン予想 14

1.6　ゼータ関数論の現状 15

1.7　絶対数学 16

第2章　オイラー積への入門 19

2.1　オイラー論文 19

2.2　オイラー論文の解説 27

2.3　練習問題 34

第3章　オイラー積分解の発見 37

3.1　オイラー論文 37

3.2　オイラー論文の解説 46

3.3　練習問題 55

第4章　オイラー積の応用 57

4.1　オイラー論文 57

4.2　オイラー論文の解説 62

4.3　練習問題 73

第5章　オイラー定数 75

5.1　オイラー論文 75

5.2　オイラー論文の解説 79

5.3　練習問題 87

第6章　オイラー定数から絶対ゼータ関数へ 93

6.1　オイラー論文 93

6.2　オイラー論文の解説 99

6.3　練習問題 107

第7章　オイラー定数の積分表示 109

7.1　オイラー論文 109

7.2　オイラー論文の解説 115

7.3　練習問題 123

第8章　絶対ゼータ関数の研究 127

8.1　オイラー論文 127

8.2　オイラー論文の解説 132

8.3　練習問題 138

iii

第9章　絶対ゼータ関数論の発展 ⋯⋯⋯⋯⋯ 145

9.1　オイラー論文 ⋯⋯⋯⋯⋯⋯⋯⋯⋯⋯ 145
9.2　オイラー論文の解説 ⋯⋯⋯⋯⋯⋯⋯⋯ 152
9.3　練習問題 ⋯⋯⋯⋯⋯⋯⋯⋯⋯⋯⋯⋯ 157

第10章　絶対ゼータ関数論の復旧 ⋯⋯⋯⋯ 165

10.1　オイラー論文 ⋯⋯⋯⋯⋯⋯⋯⋯⋯⋯ 165
10.2　オイラー論文の解説 ⋯⋯⋯⋯⋯⋯⋯ 169
10.3　練習問題 ⋯⋯⋯⋯⋯⋯⋯⋯⋯⋯⋯ 173

第11章　特殊値と関数等式 ⋯⋯⋯⋯⋯⋯⋯ 181

11.1　オイラー論文 ⋯⋯⋯⋯⋯⋯⋯⋯⋯⋯ 181
11.2　オイラー論文の解説 ⋯⋯⋯⋯⋯⋯⋯ 190
11.3　練習問題 ⋯⋯⋯⋯⋯⋯⋯⋯⋯⋯⋯ 196

第12章　ゼータの起源と $\zeta(3)$ ⋯⋯⋯⋯⋯ 199

12.1　オイラー論文 ⋯⋯⋯⋯⋯⋯⋯⋯⋯⋯ 199
12.2　オイラー論文の解説 ⋯⋯⋯⋯⋯⋯⋯ 204
12.3　練習問題 ⋯⋯⋯⋯⋯⋯⋯⋯⋯⋯⋯ 216

第13章　オイラーから深リーマン予想へ ⋯⋯ 221

13.1　オイラー積の超収束と深リーマン予想 ⋯ 221
13.2　絶対保型形式の導入 ⋯⋯⋯⋯⋯⋯⋯ 224
13.3　統合 ⋯⋯⋯⋯⋯⋯⋯⋯⋯⋯⋯⋯⋯ 225

索引 ⋯⋯⋯⋯⋯⋯⋯⋯⋯⋯⋯⋯⋯⋯⋯⋯⋯ 227

第1章

オイラーと積分解

　オイラーは 1707 年 4 月 15 日にスイスに生まれ，1783 年 9 月 18 日にロシアのサンクトペテルブルクで亡くなった．2017 年はオイラー生誕 310 年となる．10 年前の 2007 年にはサンクトペテルブルクにて生誕 300 年の記念集会が盛大に挙行されたことは記憶に新しい．オイラーのゼータ関数論を始めるにあたって，ゼータ関数の歴史におけるオイラーの位置を概観しておこう．詳細は次章以降にゆずり，本章は大雑把に見て行く．とくに，オイラーに特長的な積分解に注目する．

1.1 オイラーより前

　オイラーより前の"ゼータ関数論"は稀な例のみであるが，それでも，いくつかは挙げられる．ピタゴラス，オレーム，マーダバという三人を見よう．積分解にも注目しよう．ゼータとしての解釈は徐々に付けて行こう．

A ピタゴラスによる積分解

　ピタゴラスは紀元前 500 年頃に，イタリア半島の南岸にあるクロトンにピタゴラス学校を作り，数学の研究を推進した．その場所は，イタリア半島を足の形に見立てると，

ちょうど土踏まずのところである．ゼータ関数論から見ると，ピタゴラス学派による「素数概念の発見」「素因数分解の発見」及び「素数が無限個存在することの証明」が大きい成果である．

素数は 2500 年前に発見されて以来，現代数学に至るまで数学発展の原動力を与え続けている．また，素数は現在の日常生活でもなくてはならないものになっている．たとえば，IC カード（銀行，スイカ，パスモ，…）等のセキュリティの暗号の要は素数であり，自然数の積分解（素因数分解）の難しさが鍵である．

素数は数学の根本概念であり，

$$2, 3, 5, 7, 11, 13, 17, 19, 23, 29, \ 31, 37, 41, 43, 47, \ldots$$

のように，自然数（正の整数）のうちで 1 より大きな 2 つの自然数の積に分解できないものを指す：

自然数 ⟶《分解》⟶ 素数．

これが，素因数分解という「積分解」の始まりである．ちなみに，2017 は素数であり，今年は素数を考えるにふさわしい年である．なお，この前の素数年は記憶に新しい 2011 であった．

ピタゴラス学校（イタリア南岸の長い海岸線が美しい港町クロトンにあったが，現在の都市名はクロトーネである）の中で，素数論と原子論は互いに関連して生じたのであろう．ギリシャ数学の偉大な成果は「素数は無限個ある」という発見である．しかも，論理の整然とした証明もきちんと付けている．2500 年経った現在から見ても，昔に何故そんなことが証明できたのか，不思議である．人類は退化しているのかも知れない．日本は，その頃どんな状態だったのだろうか．

彼らの証明は，積分解によって，実際に素数を作り出す
やり方であった（よく誤解されている「背理法」ではなか
った）：何個か素数があったら，全部掛けて1を足したもの
を作り，積分解して，一番小さい素因数を取り出す．これは，
新しい素数となっている（実際，それまでの素数では割り
切れないので），という作り方である．たとえば，素数2か
らはじめてみると，全部掛けても2のままで，1を足すと3
が出る．これの最小素因数は3である．こうして，2の次
に3が作れた．2,3からは全部掛けて6,1を足して7が出る．
よって，3個の素数2，3，7が出た．次には，全部掛ける
と42で1を足すと43となり，4個の素数2，3，7，43が
できた．その次は，全部掛けると1806，1を足すと1807．
これの最小の素因数は，1807が13と139の積になること
から，素数13とわかる．このようにして，5個の素数2，3，
7，43，13が得られた．これを続ければ，1段ごとに積分解
を行って，素数が1個ずつ増えていき，結局，素数が無限
個出てくることがわかる．

なお，2から開始した場合に，43項目までは1990年代に
計算済みであったが，第44項の計算が大変で15年余り経
った2010年に達成され68桁の素因数が発見された．さらに，
2012年9月11日に第48項の75桁の素数（256桁の自然数
の素因数）が計算され,現在は第51項までわかっている（第
52項の計算には335桁の合成数の素因数を計算することが
必要であり時間がかかる）：

2, 3, 7, 43, 13, 53, 5, 6221671, 38709183810571, 139, 2801,
11, 17, 5471, 52662739, 23003, 30693651606209, 37, 1741,
1313797957, 887, 71, 7127, 109, 23, 97, 159227, 6436797949
63466223081509857, 103, 1079990819, 9539,3143065813,
29, 3847, 89, 19, 577, 223, 139703, 457, 9649, 61, 4357, 879
91098722552272708281251793312351581099392851 7688937

48012603709343, 107, 127, 3313, 2274326891085895327549
849150757748483866714395682604207544149407807612458
93, 59, 31, 211

　この方法はピタゴラス学派（紀元前 500 年頃）によるものと思われるが，記録に残っているのはユークリッド『原論』（紀元前 300 年頃）であるため，「ユークリッド素数列」とよばれている．ここには，積分解の見事さとともに，困難さもあらわれている．

　ユークリッド素数列にはすべての素数が現れると予想されているが，未解決の難問である．また，ユークリッド素数列には，最小素因数をとる代わりに最大素因数をとるものや素因数全部をとって行くものなど多数の変型版が考えられている．たとえば，2 から出発して最大素因数をとることにすると，5 などの現れない素数があることはすぐわかるが，現れない素数が無限個存在することも A.R.Booker（Integers **12A**，2012 年）によって証明されている．また，積分解して任意の素因数をとりだすようにすると，分岐が起こるため「ユークリッド素数グラフ」を考えるのが自然であり，その方向の研究も進んでいる．

🅑 オレーム

　オレームはフランスの哲学者であり，1350 年頃に自然数の逆数和が無限大であることを証明した．これは，数値計算によって想像できることではなく，明らかに論理の力による．また，自然数に関する和という形から，ゼータ関数論の先駆と言える．後の言葉では「リーマンゼータ関数 $\zeta(s)$ が 1 において極を持つことを発見した」のである．

　その証明方法は

$$1 + 1/2 + 1/3 + 1/4 + 1/5 + 1/6 + 1/7 + 1/8 + 1/9$$

$+ 1/10 + 1/11 + 1/12 + 1/13 + 1/14 + 1/15 + 1/16 + \cdots$

$= 1 + (1/2) + (1/3 + 1/4) + (1/5 + 1/6 + 1/7 + 1/8)$

$+ (1/9 + 1/10 + 1/11 + 1/12 + 1/13$

$+ 1/14 + 1/15 + 1/16) + \cdots$

$\geqq 1 + (1/2) + (1/4 + 1/4) + (1/8 + 1/8 + 1/8 + 1/8)$

$+ (1/16 + 1/16 + 1/16 + 1/16 + 1/16 + 1/16$

$+ 1/16 + 1/16) + \cdots$

$= 1 + (1/2) + (1/2) + (1/2) + (1/2) + \cdots$

$= \infty$

と明快である.

　オイラーは 1737 年に，これ（発散しているのであるけれども，それに怖気ず）を素数にわたる積に積分解（オイラー積分解）する.

C　マーダバ

　マーダバは南インドのケララ学派の数学者・天文学者であり，1400 年頃に

$$1 - 1/3 + 1/5 - 1/7 + 1/9 - 1/11 + \cdots = \pi/4$$

を証明した．これは，ゼータ関数（L 関数）$L(s)$ の 1 における値の研究となっているが，方法としては三角関数（タンジェント）の展開問題である．オレームの場合とは異なって有限値となっている．さらに，円周率が出てきたことは，後のゼータ関数研究に大きな影響を与えたものである．この級数は，ヨーロッパではライプニッツやグレゴリーによって 1670 年代に発見されて，先取権あらそいになったものであり，いまでも「ライプニッツ級数」という誤った呼び方も使われている．数学史から見れば「マーダバ級数」と呼ぶしかないのであるが．オイラーは 1737 年に，これも素

数にわたる積に積分解（オイラー積分解）する．

　20 世紀初頭に活躍する南インド生まれのラマヌジャンは新種のゼータ関数（保型形式から作る）を発見するのであるが，それは南インドの数学伝統をマーダバ経由で時空を超えて引き継いだものであろうか．単行本

　黒川信重『ラマヌジャン：ζ の衝撃』現代数学社，2015 年，

　黒川信重『ラマヌジャン探検』岩波書店，2017 年 2 月

を参考書として考察されたい．さらに，ラマヌジャンは，その新種のゼータ関数の積分解（オイラー積表示）によって，ラマヌジャン予想をリーマン予想として解釈することも見通したのであった．

1.2 　オイラーの発見

　オイラー（1707–1783）は数学全般にわたって巨大な業績を残したが，とりわけゼータ関数論において目覚ましい発見が多い．六つ記しておこう．

A ▶ 1735 年『オイラー全集』（I–14 巻，73–86 ページ）

　$\zeta(s)$ の s が正の偶数における特殊値の明示公式を求めた．ここには，円周率とともにベルヌイ数もあらわれる．マーダバの結果の発展版である．その証明のためにオイラーが用いたのがサイン関数（三角関数）の積分解である．サイン関数を零点（根）によって因数分解するという大胆な発想はオイラーにしかできなかったものである．ライプ

第 1 章　オイラーと積分解

ニッツが求めておいたサイン関数の級数展開との比較を用いて，オイラーは $\zeta(2)$, $\zeta(4)$, $\zeta(6)$, $\zeta(8)$ などの値を求めることが出来たのである．ここに，オイラーの研究で特長的な「積分解」の初期を見ることができる．オイラーにおける積分解の始まりとしては，1729 年にガンマ関数（階乗関数の一般化）の構成が挙げられる．サイン関数の積分解はガンマ関数の積分解を二つ掛けたものになっている（オイラーの相反法則あるいは反射法則）．ガンマ関数はゼータ関数の仲間であり，オイラーのゼータ関数論において重要な役割を果たすことになる．

B　1737 年『オイラー全集』（I-14 巻，216-244 ページ）

　$\zeta(s)$ のオイラー積表示を発見した．ゼータ関数を素数に関する積に分解したのである．このときが，ゼータ関数が素数と結びついた瞬間である：

自然数 $\longrightarrow$ 《分解》$\longrightarrow$ 素数 $\longrightarrow$ 《統合》$\longrightarrow$ ゼータ $\zeta(s)$.

　オイラーにしかできない発想であろうが，前節で触れたとおり，オレームとマーダバの研究からオイラーの研究は出発している．

　オイラーは，オイラー積の応用として，素数の逆数和が無限大であること

$$1/2 + 1/3 + 1/5 + 1/7 + 1/11 + \cdots = \infty$$

も証明した．この結果は，ピタゴラス学派の「素数は無限個存在」もオレームの「自然数の逆数和は無限大」も含んでいて，ゼータ関数論が深化したことが如実にあらわれている．このオイラー積の発見こそ，真の意味のゼータ関数論の出発点である．オイラー積は，それ以後，ディリクレ，

リーマン，ラマヌジャンから現代までのゼータ関数論全体の流れを形作ったのである．

C ▶ **1739 年『オイラー全集』**（I–14 巻，407–462 ページ）

$\zeta(s)$ の関数等式 $s \to 1-s$ を発見した．そのために，オイラーは，まず，$\zeta(-1)$ を発散級数の和

$$``1+2+3+\cdots"=-1/12$$

として求める計算を行った．その一環として，$s=-2, -4, -6, -8, \cdots$ という負の偶数が $\zeta(s)$ の零点になることを発見している．関数等式は（A）で求めておいた $\zeta(2)$, $\zeta(4)$, $\zeta(6)$, $\zeta(8)$, $\cdots$ の値と今回求めた $\zeta(-1)$, $\zeta(-3)$, $\zeta(-5)$, $\zeta(-7)$, $\cdots$ の値を比較することにより，$\zeta(2)$ と $\zeta(-1)$ の比，$\zeta(4)$ と $\zeta(-3)$ の比，$\zeta(6)$ と $\zeta(-5)$ の比，$\zeta(8)$ と $\zeta(-7)$ の比が，それぞれ簡明な形をしていることを見て取ったのである．具体的には，それらの比がガンマ関数で表せるのである．

D ▶ **1768 年『オイラー全集』**（I–15 巻，112 ページ）

$\zeta(s)$ の積分表示を発見した．この積分表示は 1859 年にリーマンがゼータ関数の解析接続において活用することになる．オイラーが積分表示を行っていたことは，リーマンが論文で引用していないためもあってか，注意されないものであるが，ゼータ関数論の進展のために欠かせない重要な方法となり，とくに，20 世紀において，種々多様なゼータ関数の積分表示が研究されることになった．その始まりは，オイラーである．

1772 年『オイラー全集』（Ⅰ-15 巻, 150 ページ）

$\zeta(3)$ の表示を発見した．この表示は，後に，多重三角関数論に発展する（黒川）．多重三角関数の基本は多重サイン関数であり，二つの多重ガンマ関数の積（奇数位数）あるいは商（偶数位数）となっている．サイン関数は二つのガンマ関数の積になるというオイラーが発見した事実が位数 1 の場合となっていて，高次の場合まで統合的な描像が与えられる．なお，これらの多重ガンマ関数や多重サイン関数は多重ゼータ関数（黒川テンソル積）の一環であり，絶対数学を導入する端緒となった．

1775 年『オイラー全集』（Ⅰ-4 巻, 146–162 ページ）

$\zeta(s)$ と $L(s)$ を用いて，4 で割って 1 余る素数の逆数和が無限大
$$1/5 + 1/13 + 1/17 + 1/29 + 1/37 + \cdots = \infty$$
であることや，4 で割って 3 余る素数の逆数和が無限大
$$1/3 + 1/7 + 1/11 + 1/19 + 1/23 + \cdots = \infty$$
であることを証明した．史上初めて，二つのゼータ関数を用いて導き出された結果である．とくに，マーダバ級数のオイラー積分解が有効に使われている．

この方法は，ディリクレにより拡張されて，現代の素数分布論に至っている．群の既約表現を渡るゼータ関数族の考えは，淡中圏（淡中忠郎にちなむ）を経て，普遍的なランズランズ・ガロア群に至ることになる．

1.3 オイラーの積分解

オイラーには積分解として

(1) ガンマ関数の積分解，

(2) サイン関数の積分解，

(3) ゼータ関数のオイラー積分解

があった．ついでに述べると，負の偶数が根（零点）になるという発見は，さらにゼータ関数の「すべての根」を発見してゼータ関数を積分解（因数分解）するという問題への先駆けであって，その真意をリーマンが読み取り 1859 年のリーマン予想の定式化に至るのである．

　ゼータに留まらずに言えば，オイラーの積分解への衝動は，ますます根源的なものであることが見えてくる．思い付くまま例を四つ挙げておこう：

(4) 五角数定理（保型形式の積分解），

(5) 分割数母関数の積分解，

(6) オイラー関数の積分解，

(7) 約数関数の積分解．

このうち，最後のものは，有限リーマンゼータ関数の積分解・リーマン予想に結びついている：

　　黒川信重『リーマンと数論』共立出版, 2016 年 12 月（第 1 章）.

第 1 章　オイラーと積分解

1.4　オイラーの後のゼータ関数論

　オイラーのゼータ関数研究を見ると，「ゼータ関数の基本的性質を一人ですべて発見してしまった」という感嘆の声を禁じ得ない．それでも，ゼータ関数論として研究すべきことはたくさん残っていたのである．二つ挙げよう．

A　零点の研究

　オイラーの 1739 年の研究によって，ゼータ関数の零点が注目されるようになった．それは，オイラーのときの実零点だけでなく，リーマンによって，複素零点の研究にも及んだ．

素数論をゼータ関数論へと革新したリーマンは一つの謎を残した．それが，現代数学最大の未解決問題として有名な「リーマン予想」である．リーマンは，素数の分布が複素零点の分布と密接に関連していることを証明し（リーマンの素数公式），リーマン予想に到達した．これこそ，ゼータ関数の因数分解という積分解の問題である．それは，次の項目にある通り，すべてのゼータ関数へと拡張されて研究されている．

　残念なことに，リーマンは短命な数学者であった．リーマンは 1826 年 9 月 17 日に生まれ 1866 年 7 月 20 日に 39 歳の若さで歿した．2016 年はリーマン歿後 150 年であった．リーマン予想を提出したのは 1859 年であり，リーマンは亡くなるまでの 7 年間にリーマン予想に関しても深い研究をしたに違いないのであるが，伝わっているのはリーマンの書いた計算メモのみである．それだけでも驚くべき内容であったことは，1932 年に大数学者のジーゲルが解読して判明した．リーマン予想解決には 2000 年以降一億円の懸賞金

11

がかかっているが，それを目的に研究する人などいない．

リーマン予想の研究入門には次の本を熟読されたい：

黒川信重『リーマン予想を解こう：新ゼータと因数分解からのアプローチ』技術評論社，2014年．

ここで，「新ゼータ」とは絶対ゼータ関数のことである．因数分解は数学の伝統的な積分解の手法であり，バビロニア数学に発祥しているが，既に，ピタゴラス学派ではマスターされていた．そのことは，ユークリッド『原論』第2巻の幾何代数からわかる．ピタゴラスの定理を図形の面積移動によって証明する手法は代数式で書いてみればすぐわかるように，因数分解に他ならない．ピタゴラス学派における素数概念の発見や素因数分解の発見は，因数分解のマスターの上で行われたのは当然のことであろう．それがリーマン予想の道なのである．

B　ゼータ関数の一般化

オイラーは $\zeta(s)$ と $L(s)$ という二つのゼータ関数を中心に研究したのであるが，同様な性質をもつゼータ関数族は次々に発見されてきた．概略を年代で書くと次の通り．

1837年：ディリクレ L 関数

1850年代：デデキントゼータ関数（代数体のゼータ関数）

1880年代：フルビッツゼータ関数

1900年頃：エプシュタインゼータ関数（正定値二次形式のゼータ関数）

第1章　オイラーと積分解

1910 年代前半：コルンブルムのゼータ関数（合同ゼータ関数）

1916 年：ラマヌジャンのゼータ関数（保型形式のゼータ関数）

1920 年代：アルチンのゼータ関数（ガロア表現のゼータ関数）

1930 年代：ジーゲルゼータ関数（不定値二次形式のゼータ
　　　　　関数）

1940 年頃：ハッセゼータ関数（代数体上の代数多様体のゼ
　　　　　ータ関数）

1940 年代後半：ヴェイユのゼータ関数（合同ゼータ関数）

1950 年代：セルバーグゼータ関数（リーマン面のゼータ関数）

1960 年代：佐藤幹夫のゼータ関数（概均質ベクトル空間の
　　　　　ゼータ関数）

1970 年：ラングランズのゼータ関数（保型表現のゼータ関数）

2004 年：スーレのゼータ関数（絶対ゼータ関数）

　もちろん，上記の表がすべてを尽くしているわけではない．
　このうち，合同ゼータ関数（ヴェイユのゼータ関数）と
セルバーグゼータ関数の場合はリーマン予想の証明まで完
成している．どちらも，20 世紀を代表する偉業である．そ
の要点はゼータ関数の行列式表示という積分解である．そ
れによって，ゼータ関数の零点や極に固有値解釈が与えら
れ，リーマン予想の解決に至るのである．さらに，重要な
ことは，ゼータ関数の行列式表示によってゼータ関数の解
析接続・関数等式が得られることである．つまり，リーマ
ン予想の解決には，そもそも，リーマンゼータ関数は積分
表示で解析接続ができているからいいなどという態度では

13

だめであって，ゼータ関数の解析接続法という根本から考え直さねばならないのである．

1.5 深リーマン予想

　積分解はゼータ関数論において，現在も活発に研究が進展している．一つは，上にも述べた通り「ゼータ関数の行列式表示」であり，ゼータ関数の「解析接続・関数等式・リーマン予想」を一挙に解決する本命である．もう一つは，「深リーマン予想」であって，ゼータ関数のオイラー積表示を絶対収束域を超えて使うというものである．とくに，関数等式の中心におけるオイラー積（中心オイラー積）の収束性（条件収束である）を示すのが「深リーマン予想」であって，それから通常のリーマン予想は導かれる．深リーマン予想を数値計算によって確認することは現在の計算機でも難しくなく，容易に確信することができる．したがって，一昔前と違い，リーマン予想も充分に確信できる時代になっている．時代は進んでいるのである．合同ゼータ関数（ヴェイユゼータ関数）の場合はリーマン予想だけでなく深リーマン予想も証明することができる．

　深リーマン予想は，1965年のバーチとスウィンナートンダイヤーの共同研究に明確に表れている．彼らは，有理数体上の楕円曲線のハッセゼータ関数に対して中心オイラー積の数値計算を何年も行った結果，バーチ・スウィンナートンダイヤー予想を構築したのであるが，その本来の「バーチ・スウィンナートンダイヤー予想」とは現今，数学七大問題として流布している「バーチ・スウィンナートンダイヤー予想」よりずっと強いものだったのである．1965年の原論文の最初のページに本来のバーチ・スウィンナートンダイヤー予想は定式化されている

ので，確認することは簡単である．現在，「バーチ・スウィンナートンダイヤー予想は数多くの楕円曲線に対して証明されている」と言われるのは，あくまで本来のバーチ・スウィンナートンダイヤー予想ではないので注意されたい．本来のバーチ・スウィンナートンダイヤー予想が証明された楕円曲線は一例もない．

深リーマン予想についての詳細は

黒川信重『リーマンと数論』共立出版，2016 年 12 月（9.2 節「深リーマン予想」），

黒川信重『ラマヌジャン：ζ の衝撃』現代数学社，2015 年，

黒川信重『ゼータの冒険と進化』現代数学社，2014 年（5.7 節「深リーマン予想」），

黒川信重『リーマン予想の先へ：深リーマン予想』東京図書，2013 年，

黒川信重『リーマン予想の探求』技術評論社，2012 年（第 6 章「深リーマン予想」）

を読まれたい．最後に挙げた本が「深リーマン予想（Deep Riemann Hypothesis）」という呼び方の最初である．この話の続きは第 13 章を読まれたい．

1.6　ゼータ関数論の現状

　見てきた通り，ピタゴラス学派以来の素数理論を進展させたものが 18 世紀のオイラーおよび 19 世紀のリーマンが連携して創始した「ゼータ関数論」である．ゼータ関数論を現在の目か

ら簡単におさらいしておこう.

ゼータ関数論は現代数学の至る所に広がっていて,「数学とはゼータ関数を計算することである」という人さえいて,それは間違いないことである.これは,原子論の遠い子孫である現代物理学では「物理学は状態和を計算することである」と言われていることとそっくりである.物理学の「状態和(分配関数)」が数学の「ゼータ関数」に対応しているのである.

ゼータ関数の威力については,有名なフェルマー予想が350年経って解けたのはゼータ関数のお蔭であることを述べれば充分であろうが,現代数学の大目標となっているラングランズ予想もゼータ関数の問題である.ちなみに,ラングランズ予想は幾何的ラングランズ予想という変形版が,物理学の究極理論と言われている弦理論の定式化としても使われている.

ゼータ関数における統一理論としてはラングランズ予想を含む「四つのゼータの統一理論」が設定されており,物理学における統一理論である「四つの力の統一理論」に対応している.

さて,難攻不落のリーマン予想は数学そのものを変貌させ,一元体上の数学という全く新しい「絶対数学」を誕生させるに至るのである.

1.7 絶対数学

リーマン予想には,歴代の超一流の数学者が挑戦してきたのであるが,リーマン予想の提出以来150年経っても決定打となる研究が出なかったのである.そこに出てきたのが,一元体を根底に据えた絶対数学である.一元体とは1だけの体である.どんなところにも入っているものである.自然数の中に1が入っているので,数論は一元体上の理論と考えることができる.

とくに，リーマン予想は絶対数学によって扱うことができる．

絶対数学では，ゼータ関数を積分解した因子 $s-\alpha$ でさえも絶対ゼータ関数として扱うことになる．この意味で，ゼータ関数の究極の積分解を行うのが絶対ゼータ関数論である．簡単な絶対ゼータ関数は，最初は，合同ゼータ関数から "$p \rightarrow 1$" の極限操作によって導入されたが，絶対保型形式から絶対ゼータ関数を構成するという王道が発見された．しかも，絶対保型形式から絶対ゼータ関数を構成する道は 1774 年〜 1776 年にオイラーが開拓していたのである（第 5 章〜第 10 章）．また，絶対ゼータ関数の黒川テンソル積（絶対テンソル積）が絶対保型形式のテンソル積に対応していることが明確になって，単純な描像となった．それによって，ゼータ関数の零点におけるテンソル積構造が確立しリーマン予想の解決に至るのである．第 13 章も参照されたい．

絶対数学の初期の研究のサーベイに関しては，現代数学を代表するマニンの講義録

Yu. I. Manin "Lectures on zeta functions and motives (according to Deninger and Kurokawa)" Asterisque **228** (1995) 121 – 163

が，20 年以上経った現在でも，バイブルの役目を果たしている．なお，「黒川テンソル積」は絶対数学と絶対ゼータ関数論の起源の一つとなっているのであるが，その「黒川テンソル積」の命名は黒川論文

N. Kurokawa "On some Euler products I" Proc. Japan Acad. **60A** (1984) 335 – 338

や

N. Kurokawa "Multiple zeta functions: an example" Advanced Studies in Pure Math. **21** (1992) 219 – 226

および黒川による『多重三角関数講義』(東京大学，1991年4月〜7月)にちなみマニンにより上記の講義録で行われたものである（黒川信重『現代三角関数論』岩波書店，2013年，第8章「黒川テンソル積」参照）．

　ここまで読んで来られた方が，現代数学は究極の単純理論である絶対数学一色かと思われるかも知れないので，一言付け加えておくと，それは，当然もっともな話なのであるが，実態は，そうではない．特に，保守的な日本では絶対数学に参入しないのが無難という態度が支配的である．その代りに，むしろ，数学は複雑だとの主張が声高に聞こえて来る．そのほうが，身過ぎ世過ぎには何かと良いのだそうで，絶対数学のように単純な話になってしまっていては，いろいろと困りものなのであろう．
　地球の現代数学が絶対数学になるには，まだ時間がかかりそうである．そうなったときは，ギリシャ時代の数学の本来の四分野「数論・音楽・幾何学・天文学」が実現されるときであろう．

第2章

オイラー積への入門

オイラー積は 1737 年に発見された．その原論文を読むことから始める．ちょうど280年後の 2017 年に読む意義も大きい．本章は，オイラー積論文への入門あるいは関門である．

2.1 オイラー論文

オイラー（1707 年 4 月 15 日 – 1783 年 9 月 18 日）は 30 歳になった 1737 年にオイラー積を発見した(4 月 25 日の記録あり)．論文は

"Variae observationes circa series infinitas"

［無限級数に関するさまざまな観察］

Commentarii academiae scientiarum Petropolitanae **9**（1737）
p.160-188（E72，全集 I – 14 巻，216-244）．

ここで，「E72」とあるのはオイラーの論文番号である．「全集」は『オイラー全集』であり，I–14 巻とは第 I シリーズの第 14 巻の意味である．ちなみに，第 I シリーズは数学論文集であり，29 巻（30 冊）から成っている．

オイラーの原論文は全集によらなくても，ウェブで無料で読むことも可能である：The Euler Archive（eulerarchive. maa. org）．たとえば，上記の論文なら「index number 72」で探せ

ばすぐ見つけることができる．ただし，そこでは全集のページを「pp.217-244」と誤っているので注意されたい．

この論文の目的は，一般項が難解な無限和や無限積の値を求めることであり，定理1〜定理19が証明されている．本章は定理1〜定理6を見よう．実は，オイラー積そのものは定理7からはじまるのであるが，オイラーが書いている順に読むのは意味があるであろう．何の因果か，定理1〜定理6はオイラー積への関門となっているようだ．まるで，「これがわからなければオイラー積の門には入るな」と言っているかのようである．

最初の定理は次の通りである．

定理1

$$\frac{1}{3}+\frac{1}{7}+\frac{1}{8}+\frac{1}{15}+\frac{1}{24}+\frac{1}{26}+\frac{1}{31}+\frac{1}{35}+\text{etc.}=1.$$

ただし，一般項は $m,n>1$ に対して $\dfrac{1}{m^n-1}$．

オイラーの証明

$$x=1+\frac{1}{2}+\frac{1}{3}+\frac{1}{4}+\frac{1}{5}+\frac{1}{6}+\frac{1}{7}+\frac{1}{8}+\frac{1}{9}+\text{etc.}$$

とおくと

$$1=\frac{1}{2}+\frac{1}{4}+\frac{1}{8}+\frac{1}{16}+\frac{1}{32}+\text{etc.}$$

を引くことにより

$$x-1=1+\frac{1}{3}+\frac{1}{5}+\frac{1}{6}+\frac{1}{7}+\frac{1}{9}+\frac{1}{10}+\text{etc.}$$

となる．これで，分母の2ベキのものはなくなった．次に

$$\frac{1}{2}=\frac{1}{3}+\frac{1}{9}+\frac{1}{27}+\frac{1}{81}+\frac{1}{243}+\text{etc.}$$

を引いて

20

第 2 章　オイラー積への入門

$$x - 1 - \frac{1}{2} = 1 + \frac{1}{5} + \frac{1}{6} + \frac{1}{7} + \frac{1}{10} + \frac{1}{11} + \text{etc.}$$

を得る．さらに，

$$\frac{1}{4} = \frac{1}{5} + \frac{1}{25} + \frac{1}{125} + \text{etc.}$$

を引くと

$$x - 1 - \frac{1}{2} - \frac{1}{4} = 1 + \frac{1}{6} + \frac{1}{7} + \frac{1}{10} + \text{etc.}$$

となる．これを繰り返すと

$$x - 1 - \frac{1}{2} - \frac{1}{4} - \frac{1}{5} - \frac{1}{6} - \frac{1}{9} - \text{etc.} = 1,$$

つまり

$$x - 1 = 1 + \frac{1}{2} + \frac{1}{4} + \frac{1}{5} + \frac{1}{6} + \frac{1}{9} + \frac{1}{10} + \text{etc.}$$

を得る．〔この分母の n は $n+1$ が巾になっていないもの；ただし，「巾」とは自然数 $a, b \geqq 2$ に対して a^b となるもの．〕

そこで，

$$x = 1 + \frac{1}{2} + \frac{1}{3} + \frac{1}{4} + \frac{1}{5} + \frac{1}{6} + \frac{1}{7} + \frac{1}{8} + \text{etc.}$$

から $x-1$ の級数を引くと

$$1 = \frac{1}{3} + \frac{1}{7} + \frac{1}{8} + \frac{1}{15} + \frac{1}{24} + \frac{1}{26} + \text{etc.}$$

となる．〔この分母の n は $n+1$ が巾になっているもの．〕

［**証明終**］

オイラーの方法は，なんとなくわかってもらえるであろうか．いきなり

$$x = 1 + \frac{1}{2} + \frac{1}{3} + \cdots$$

からはじまるので面食らうが，これが何を考えているのか予測できないオイラーの醍醐味である．もちろん，普通の意味では，

$$x = \sum_{n=1}^{\infty} \frac{1}{n} = \infty$$

なので，後の議論は破綻していると考えるのが妥当であり，それ以上話につきあう必要はない．ただし，それで投げてしまっては，オイラーを読むことはできないと覚悟する必要がある．その先は，オイラーの言っていることを"そのまま受け取る"（意味不明でも？）か，現代風に「正しく」解釈する（つまり，別証明を与える）か，いろいろな道が残されているので好みに応じて考えてもらうと良い．最終的には『オイラー全集』を自己流に書き直すのである．

　現代風に言えば，オイラーの証明は「形式的証明」あるいは「発見的証明」と見ると良いであろう．いずれにせよ，数学において「正しい」とは何かを考え直す機会にもなる．数学は一度証明されると「正しい」とはよく言われるが本当だろうか？と考えてみるのも楽しい．たとえば，私はリーマンゼータ関数の「正しい」解析接続法は発見されていない（あるいは，確立されていない）と考える．もちろん，解析接続法はたくさん知られているのであるが，リーマン予想を導く「正しい」解析接続法のことである．

　定理1の証明は2.2節で付ける．なお，定理1と証明は

$$1+\frac{1}{2}+\frac{1}{3}+\frac{1}{4}+\frac{1}{5}+\cdots = (1)+\left(1+\frac{1}{2}+\frac{1}{4}+\frac{1}{5}+\cdots\right)$$
$$= \left(\sum_{m:巾} \frac{1}{m-1}\right) + \left(\sum_{k:非巾} \frac{1}{k-1}\right)$$

と見ることができる．次章に出てくる定理7のオイラー積は

$$1+\frac{1}{2}+\frac{1}{3}+\frac{1}{4}+\frac{1}{5}+\cdots = \frac{2\cdot3\cdot5\cdot7\cdot11\cdot13\cdot17\cdot19\cdots}{1\cdot2\cdot4\cdot6\cdot10\cdot12\cdot16\cdot18\cdots}$$
$$= \prod_{p:素数} \frac{p}{p-1}$$

となって現れる．オイラーの中では，一貫して

$$1+\frac{1}{2}+\frac{1}{3}+\frac{1}{4}+\frac{1}{5}+\frac{1}{6}+\frac{1}{7}+\frac{1}{8}+\frac{1}{9}+\frac{1}{10}+\cdots$$

をさまざまの形に変化させて観察していた――論文の表題の通り――のであろう.

定理 2

$$\frac{1}{3}+\frac{1}{7}+\frac{1}{15}+\frac{1}{31}+\frac{1}{35}+\frac{1}{63}+\text{etc.}=\log 2,$$

つまり

$$\sum_{m:\text{巾,偶}}\frac{1}{m-1}=\log 2.$$

また,

$$\frac{1}{8}+\frac{1}{24}+\frac{1}{26}+\frac{1}{48}+\frac{1}{80}+\text{etc.}=1-\log 2,$$

つまり

$$\sum_{m:\text{巾,奇}}\frac{1}{m-1}=1-\log 2.$$

　証明は,定理 1 の場合と同様で,本章は

$$x=\frac{1}{2}+\frac{1}{4}+\frac{1}{6}+\frac{1}{8}+\frac{1}{10}+\frac{1}{12}+\frac{1}{14}+\text{etc.}$$

から出発するものであるが（$x=\infty$ でもあるし）,省略しよう.
2.2 節で証明を付ける.

　定理 3 〜定理 6 も,この調子で続くのであるが,定理と系を要約しておこう.

定理 3

$$\frac{\pi}{4}=1-\frac{1}{8}-\frac{1}{24}+\frac{1}{28}-\frac{1}{48}-\frac{1}{80}-\frac{1}{120}$$

$$-\frac{1}{124}-\frac{1}{168}-\frac{1}{224}+\frac{1}{244}-\frac{1}{288}-\text{etc.}$$

$$=1+\sum_{\substack{m:\text{巾}\\m\equiv 3\bmod 4}}\frac{1}{m+1}-\sum_{\substack{m:\text{非巾}\\m\equiv 1\bmod 4}}\frac{1}{m-1}.$$

> **定理 4**
> $$\frac{\pi}{4} - \frac{3}{4} = \frac{1}{28} - \frac{1}{124} + \frac{1}{244} + \frac{1}{344} + \text{etc.}$$
> $$= \sum_{\substack{m:\text{巾, 奇} \\ \text{非平方}}} \frac{(-1)^{\frac{m+1}{2}}}{m + (-1)^{\frac{m+1}{2}}}.$$

これには系 1 〜系 5 が付いている．たとえば,

> **系 3**
> $$\frac{\pi}{4} - \frac{3}{4} = \begin{cases} \dfrac{1}{3^3+1} + \dfrac{1}{3^5+1} + \dfrac{1}{3^7+1} + \dfrac{1}{3^9+1} + \text{etc.} \\[2mm] -\dfrac{1}{5^3-1} - \dfrac{1}{5^5-1} - \dfrac{1}{5^7-1} - \dfrac{1}{5^9-1} - \text{etc.} \\[2mm] +\dfrac{1}{7^3+1} + \dfrac{1}{7^5+1} + \dfrac{1}{7^7+1} + \dfrac{1}{7^9+1} + \text{etc.} \\[2mm] +\dfrac{1}{11^3+1} + \dfrac{1}{11^5+1} + \dfrac{1}{11^7+1} + \dfrac{1}{11^9+1} + \text{etc.} \\[2mm] -\dfrac{1}{13^3-1} - \dfrac{1}{13^5-1} - \dfrac{1}{13^7-1} - \dfrac{1}{13^9-1} - \text{etc.} \\[2mm] +\dfrac{1}{15^3+1} + \dfrac{1}{15^5+1} + \dfrac{1}{15^7+1} + \dfrac{1}{15^9+1} + \text{etc.} \\[2mm] \qquad\qquad\qquad \text{etc.} \end{cases}$$

がある．この節のオイラーの原論文紹介では，数式は忠実に再現することを目指している．上の式もそうである．

> **系 4**　分母が 10 万までのところでは,
> $$\frac{\pi}{4} = \frac{3}{4} + \frac{1}{28} - \frac{1}{124} + \frac{1}{244} + \frac{1}{344} + \frac{1}{1332}$$
> $$+ \frac{1}{2188} - \frac{1}{2196} - \frac{1}{3124} + \frac{1}{3376} - \frac{1}{4912}$$
> $$+ \frac{1}{6860} - \frac{1}{9260} + \frac{1}{12168} + \frac{1}{16808} + \frac{1}{19684}$$
> $$- \frac{1}{24388} + \frac{1}{29792} - \frac{1}{35936} + \frac{1}{42876} - \frac{1}{50652}$$
> $$+ \frac{1}{59320} - \frac{1}{68920} - \frac{1}{78124} + \frac{1}{79508} - \frac{1}{91124}.$$

第2章　オイラー積への入門

上の式を4倍すると次を得る.

系5
$$\pi = 3 + \frac{1}{7} - \frac{1}{31} + \frac{1}{61} + \frac{1}{86} + \frac{1}{333} + \frac{1}{547}$$
$$- \frac{1}{549} - \frac{1}{781} + \frac{1}{844} - \text{etc.}$$

この π の表示は

$$3 + \frac{1}{7} = 3.1428\cdots$$

の部分がアルキメデスによる π の近似であることに注意している.

定理5
$$\frac{\pi}{4} - \log 2 = \frac{1}{26} + \frac{1}{28} + \frac{1}{242} + \frac{1}{244}$$
$$+ \frac{1}{342} + \frac{1}{344} + \text{etc.}$$
$$= \sum_{\substack{m:\text{巾} \\ m \equiv 3 \bmod 4}} \left(\frac{1}{m-1} + \frac{1}{m+1} \right).$$

系1～系3が付いている. たとえば,

系3
$$\frac{\pi}{4} = \log 2 + \frac{2 \cdot 27}{26 \cdot 28} + \frac{2 \cdot 243}{242 \cdot 244} + \frac{2 \cdot 343}{342 \cdot 344} + \text{etc.}$$
$$= \log 2 + \sum_{\substack{m:\text{巾} \\ m \equiv 3 \bmod 4}} \frac{2m}{(m-1)(m+1)}.$$

本章最後の定理6の証明は収束級数

$$1 + \frac{1}{4} + \frac{1}{9} + \frac{1}{16} + \frac{1}{25} + \frac{1}{36} + \text{etc.} = \frac{\pi^2}{6}$$

からはじまるので, 証明も紹介しておこう. この級数はバーゼル問題として有名な難問であったが, 1735年にオイラーが解決した. それはゼータ関数論のエポックであり, 後に原論文を

25

紹介する（第11章）.

定理6
$$\frac{7}{4} - \frac{\pi^2}{6} = \frac{1}{15} + \frac{1}{63} + \frac{1}{80} + \frac{1}{255} + \frac{1}{624} + \text{etc.}$$
$$= \sum_{m:\text{巾}} \frac{1}{m^2-1}.$$

定理6のオイラーの証明

1735年のオイラーの結果

$$\frac{\pi^2}{6} = 1 + \frac{1}{4} + \frac{1}{9} + \frac{1}{16} + \frac{1}{25} + \frac{1}{36} + \text{etc.}$$

において

$$\begin{cases} \dfrac{1}{3} = \dfrac{1}{4} + \dfrac{1}{16} + \dfrac{1}{64} + \text{etc.} \\[2mm] \dfrac{1}{8} = \dfrac{1}{9} + \dfrac{1}{81} + \dfrac{1}{729} + \text{etc.} \\[2mm] \dfrac{1}{24} = \dfrac{1}{25} + \dfrac{1}{625} + \text{etc.} \\[2mm] \dfrac{1}{35} = \dfrac{1}{36} + \text{etc.} \end{cases}$$

などを使うと

$$\frac{\pi^2}{6} = 1 + \frac{1}{3} + \frac{1}{8} + \frac{1}{24} + \frac{1}{35} + \frac{1}{48} + \frac{1}{99} + \text{etc.}$$

となる．これを

$$\frac{7}{4} = 1 + \frac{1}{3} + \frac{1}{8} + \frac{1}{15} + \frac{1}{24} + \frac{1}{35} + \frac{1}{48} + \frac{1}{63} + \frac{1}{80} + \text{etc.}$$
$$= 1 + \sum_{n=2}^{\infty} \frac{1}{n^2-1}$$

から引くと

$$\frac{7}{4} - \frac{\pi^2}{6} = \frac{1}{15} + \frac{1}{63} + \frac{1}{80} + \frac{1}{255} + \text{etc.}$$

となる．

［**証明終**］

第 2 章　オイラー積への入門

2.2　オイラー論文の解説

　オイラーの論文は，そのままでは，常人には無理である．た
とえば，

$$x = 1 + \frac{1}{2} + \frac{1}{3} + \frac{1}{4} + \frac{1}{5} + \frac{1}{6} + \frac{1}{7} + \frac{1}{8} + \frac{1}{9} + \text{etc.}$$

と置かれた時点で，理性的な人にはお手上げである．

　それはともかく，定理 1 ～定理 6 の証明を順に付けて行こう．
正解を期しているわけではないので悪しからず．定理 1 で言う
と，定式化も証明も「わからない」というのが最初の印象であ
ろう．オイラーの書き方から

$$\sum_{m,\,n>1} \frac{1}{m^n - 1} = 1$$

と思うのは普通であるが，それは間違いである．$2^4 = 4^2$ とい
うような m^n の重複は数えないのであり，$2^4 = 4^2$ から来るのは
1 個だけの 1/15 とするのである．

定理 1 の証明

　　　$s > 1$ に対して（$\mathrm{Re}(s) > 1$ でも良い）

$$Z(s) \quad = \sum_{n=2}^{\infty} \frac{1}{n^s - 1},$$

$$Z_{巾}(s) \quad = \sum_{m:\,巾} \frac{1}{m^s - 1}$$

$$Z_{非巾}(s) = \sum_{k:\,非巾} \frac{1}{k^s - 1}$$

とおく．すると

$$Z_{非巾}(s) = \sum_{k:\,非巾} \sum_{\ell=1}^{\infty} \frac{1}{k^{\ell s}}$$

となる——ただし，$x > 1$ に対して

$$\frac{1}{x-1} = \sum_{\ell=1}^{\infty} \frac{1}{x^\ell}$$

を用いた——ので，

$$\{k^{\ell} \mid k : 非巾 , \ell \geqq 1\} = \{2, 3, 4, 5, 6, \cdots\}$$

であることを使うと

$$Z_{非巾}(s) = \sum_{n=2}^{\infty} \frac{1}{n^s}$$

となる．ついでに，これは，リーマンゼータ関数

$$\zeta(s) = \sum_{n=1}^{\infty} \frac{1}{n^s}$$

から見ると

$$Z_{非巾}(s) = \zeta(s) - 1$$

となる．

このようにして，

$$
\begin{aligned}
Z_{巾}(s) &= Z(s) - Z_{非巾}(s) \\
&= \sum_{n=2}^{\infty} \frac{1}{n^s - 1} - \sum_{n=2}^{\infty} \frac{1}{n^s} \\
&= \sum_{n=2}^{\infty} \left(\frac{1}{n^s - 1} - \frac{1}{n^s} \right) \\
&= \sum_{n=2}^{\infty} \frac{1}{(n^s - 1) n^s}
\end{aligned}
$$

となる．これは，$s > \dfrac{1}{2}$（あるいは，$\mathrm{Re}(s) > \dfrac{1}{2}$）において絶対収束している．とくに，求める和は

$$Z_{巾}(1) = \sum_{n=2}^{\infty} \frac{1}{(n-1)n} = 1$$

となる． ［定理 1 の証明終］

この証明を振り返ってみると，

28

第2章　オイラー積への入門

$$Z(s) = \sum_{n=2}^{\infty} \frac{1}{n^s - 1}$$

$$= \sum_{n=2}^{\infty} \sum_{\ell=1}^{\infty} \frac{1}{n^{\ell s}}$$

$$= \sum_{\ell=1}^{\infty} (\zeta(\ell s) - 1),$$

$$Z_{\text{非巾}}(s) = \zeta(s) - 1$$

より

$$Z_{\text{巾}}(s) = \sum_{\ell=2}^{\infty} (\zeta(\ell s) - 1)$$

という表示式もわかる．したがって，

$$\sum_{\ell=2}^{\infty} (\zeta(\ell) - 1) = 1$$

もわかる．

定理2の証明　　$s > 1$ に対して

$$Z^{奇}(s) = \sum_{\substack{n > 1 \\ 奇数}} \frac{1}{n^s - 1},$$

$$Z^{奇}_{巾}(s) = \sum_{m:巾,奇} \frac{1}{m^s - 1},$$

$$Z^{奇}_{非巾}(s) = \sum_{k:非巾,奇} \frac{1}{k^s - 1}$$

とおくと

$$Z^{奇}(s) = Z^{奇}_{巾}(s) + Z^{奇}_{非巾}(s)$$

である．さらに，

$$Z^{奇}_{非巾}(s) = \sum_{k:非巾,奇} \sum_{\ell=1}^{\infty} \frac{1}{k^{\ell s}}$$

$$= \sum_{n > 1:奇} \frac{1}{n^s}$$

であるから

29

$$Z_{\text{巾}}^{\text{奇}}(s) = \sum_{n>1, \text{奇}} \frac{1}{n^s - 1} - \sum_{n>1, \text{奇}} \frac{1}{n^s}$$

$$= \sum_{n>1, \text{奇}} \left(\frac{1}{n^s - 1} - \frac{1}{n^s} \right)$$

$$= \sum_{n>1, \text{奇}} \frac{1}{(n^s - 1)n^s}$$

となる. これは, $s > \dfrac{1}{2}$ において絶対収束している. とくに,

$$Z_{\text{巾}}^{\text{奇}}(1) = \sum_{n>1, \text{奇}} \frac{1}{(n-1)n}$$

$$= \frac{1}{2} - \frac{1}{3} + \frac{1}{4} - \frac{1}{5} + \cdots$$

$$= 1 - \log 2.$$

[定理 2 の証明終]

定理 3 の証明

奇数 n に対して

$$\chi(n) = (-1)^{\frac{n-1}{2}}$$

とおき, $s > 1$ に対して

$$Z^{\chi}(s) \ = \sum_{n>1, \text{奇}} \frac{\chi(n)}{n^s - \chi(n)},$$

$$Z_{\text{巾}}^{\chi}(s) \ = \sum_{m : \text{巾}, \text{奇}} \frac{\chi(m)}{m^s - \chi(m)},$$

$$Z_{\text{非巾}}^{\chi}(s) = \sum_{k : \text{非巾}, \text{奇}} \frac{\chi(k)}{k^s - \chi(k)}$$

とおく. このとき

$$Z_{\text{非巾}}^{\chi}(s) = \sum_{k : \text{非巾}, \text{奇}} \sum_{\ell=1}^{\infty} \frac{\chi(k)^{\ell}}{k^{\ell s}}$$

$$= \sum_{n>1, \text{奇}} \frac{\chi(n)}{n^s}$$

となるので,

$$Z_{巾}^{\chi}(s) = \sum_{n>1,奇} \frac{\chi(n)}{n^s - \chi(n)} - \sum_{n>1,奇} \frac{\chi(n)}{n^s}$$

$$= \sum_{n>1,奇} \left(\frac{\chi(n)}{n^s - \chi(n)} - \frac{\chi(n)}{n^s} \right)$$

$$= \sum_{n>1,奇} \frac{1}{(n^s - \chi(n))n^s}$$

となる．これは $s > \dfrac{1}{2}$ において絶対収束して，

$$Z_{巾}^{\chi}(1) = \sum_{n>1,奇} \frac{1}{(n - \chi(n))n}$$

$$= \sum_{m=1}^{\infty} \frac{1}{((2m+1) - (-1)^m)(2m+1)}$$

$$= \sum_{n=1}^{\infty} \left\{ \frac{1}{((4n-1)+1)(4n-1)} + \frac{1}{((4n+1)-1)(4n+1)} \right\}$$

$$= \sum_{n=1}^{\infty} \left(\frac{1}{4n-1} - \frac{1}{4n+1} \right)$$

$$= \frac{1}{3} - \frac{1}{5} + \frac{1}{7} - \frac{1}{9} + \cdots$$

$$= 1 - \frac{\pi}{4}$$

である．なお，

$$L(s) = \sum_{n=1}^{\infty} \frac{\chi(n)}{n^s} = L(s, \chi)$$

とすると，

$$Z_{巾}^{\chi}(s) = \sum_{\ell=2}^{\infty} (L(\ell s, \chi^{\ell}) - 1)$$

であり，

$$\sum_{\ell=2}^{\infty} (L(\ell, \chi^{\ell}) - 1) = 1 - \frac{\pi}{4}$$

となる．

このようにして，求める和は

$$1 - \sum_{m:巾,奇} \frac{\chi(m)}{m - \chi(m)} = 1 - Z^{\chi}(1) = \frac{\pi}{4}$$

となる． ［**定理 3 の証明終**］

定理 4 の証明

$$\sum_{\substack{m:\text{巾},\text{奇}\\\text{非平方}}} \frac{\chi(m)}{m-\chi(m)} = \sum_{m:\text{巾},\text{奇}} \frac{\chi(m)}{m-\chi(m)} - \sum_{\substack{m:\text{巾},\text{奇}\\\text{平方}}} \frac{\chi(m)}{m-\chi(m)}$$

$$= \sum_{m:\text{巾},\text{奇}} \frac{\chi(m)}{m-\chi(m)} - \sum_{n>1,\text{奇}} \frac{\chi(n^2)}{n^2-\chi(n^2)}$$

となるが，定理 3 より

$$\sum_{m:\text{巾},\text{奇}} \frac{\chi(m)}{m-\chi(m)} = 1 - \frac{\pi}{4}$$

であり，

$$\sum_{n>1,\text{奇}} \frac{\chi(n^2)}{n^2-\chi(n^2)} = \sum_{n>1,\text{奇}} \frac{1}{n^2-1}$$

$$= \sum_{m=1}^{\infty} \frac{1}{(2m+1)^2-1}$$

$$= \frac{1}{4} \sum_{m=1}^{\infty} \frac{1}{m(m+1)}$$

$$= \frac{1}{4}$$

であるから

$$\sum_{\substack{m:\text{巾},\text{奇}\\\text{非平方}}} \frac{\chi(m)}{m-\chi(m)} = \left(1 - \frac{\pi}{4}\right) - \left(\frac{1}{4}\right)$$

$$= \frac{3}{4} - \frac{\pi}{4}$$

となる．求めるものは，これに -1 を掛けたものである．

[定理 4 の証明終]

定理 5 の証明

定理 2 より

$$\sum_{m:\text{巾},\text{奇}} \frac{1}{m-1} = 1 - \log 2$$

であるから

第 2 章　オイラー積への入門

$$\sum_{\substack{m:巾 \\ m\equiv 3 \bmod 4}} \frac{1}{m-1} = 1 - \log 2 - \sum_{\substack{m:巾 \\ m\equiv 1 \bmod 4}} \frac{1}{m-1}$$

となる．一方，定理 3 より

$$\sum_{\substack{m:巾 \\ m\equiv 3 \bmod 4}} \frac{1}{m+1} = \frac{\pi}{4} - 1 + \sum_{\substack{m:巾 \\ m\equiv 1 \bmod 4}} \frac{1}{m-1}$$

である．したがって，足して

$$\sum_{\substack{m:巾 \\ m\equiv 3 \bmod 4}} \left(\frac{1}{m-1} + \frac{1}{m+1} \right) = \frac{\pi}{4} - \log 2$$

となる． ［**定理 5 の証明終**］

定理 6 の証明

定理 1 の証明で $s=2$ とした場合を見ると

$$\sum_{n=2}^{\infty} \frac{1}{n^2-1} = \sum_{m:巾} \frac{1}{m^2-1} + \sum_{k:非巾} \frac{1}{k^2-1}$$

$$= \sum_{m:巾} \frac{1}{m^2-1} + \sum_{k:非巾} \sum_{\ell=1}^{\infty} \frac{1}{k^{2\ell}}$$

$$= \sum_{m:巾} \frac{1}{m^2-1} + \sum_{n=2}^{\infty} \frac{1}{n^2}$$

となるので

$$\sum_{m:巾} \frac{1}{m^2-1} = \sum_{n=2}^{\infty} \frac{1}{n^2-1} - \sum_{n=2}^{\infty} \frac{1}{n^2}$$

である．ここで，

33

$$\sum_{n=2}^{\infty} \frac{1}{n^2-1} = \sum_{n=2}^{\infty} \frac{1}{(n-1)(n+1)}$$

$$= \frac{1}{2} \sum_{n=2}^{\infty} \left(\frac{1}{n-1} - \frac{1}{n+1} \right)$$

$$= \frac{1}{2} \left\{ \left(1 - \frac{1}{3} \right) + \left(\frac{1}{2} - \frac{1}{4} \right) + \left(\frac{1}{3} - \frac{1}{5} \right) + \cdots \right\}$$

$$= \frac{1}{2} \left(1 + \frac{1}{2} \right)$$

$$= \frac{3}{4}$$

であり，オイラーの結果（1735 年）

$$\sum_{n=1}^{\infty} \frac{1}{n^2} = \frac{\pi^2}{6} \quad [\text{これは，} \zeta(2) \text{ である；第 11 章}]$$

より

$$\sum_{m:\text{巾}} \frac{1}{m^2-1} = \frac{3}{4} - \left(\frac{\pi^2}{6} - 1 \right)$$

$$= \frac{7}{4} - \frac{\pi^2}{6}$$

である． 　　　　　　　　　　　　　　　　　　　　　[定理 6 の証明終]

2.3　練習問題

=== 練習問題 ===

次を証明せよ．

(1) $\displaystyle \sum_{m:\text{巾}} \frac{1}{m+1} = \frac{1}{5} + \frac{1}{9} + \frac{1}{10} + \frac{1}{17} + \frac{1}{26} + \frac{1}{28} + \cdots$

$\qquad = \dfrac{\pi^2}{3} - \dfrac{5}{2}.$

(2) $\displaystyle \sum_{m:\text{巾,奇}} \frac{1}{m+1} = \frac{1}{10} + \frac{1}{26} + \frac{1}{28} + \cdots$

$\qquad = \dfrac{\pi^2}{4} - \log 2 - \dfrac{3}{2}.$

第 2 章　オイラー積への入門

(3) $\displaystyle\sum_{m:巾,偶}\frac{1}{m+1}=\frac{1}{5}+\frac{1}{9}+\frac{1}{17}+\cdots$

$\displaystyle\qquad\qquad=\frac{\pi^2}{12}+\log 2-1.$

［証明］

(1) $\displaystyle\sum_{m:巾}\frac{1}{m-1}\overset{定理1}{=}1,$

$\displaystyle\sum_{m:巾}\left(\frac{1}{m-1}-\frac{1}{m+1}\right)\overset{定理6}{=}\frac{7}{2}-\frac{\pi^2}{3}$

より

$$\sum_{m:巾}\frac{1}{m+1}=1-\left(\frac{7}{2}-\frac{\pi^2}{3}\right)=\frac{\pi^2}{3}-\frac{5}{2}.$$

(2) まず，$\displaystyle\sum_{m:巾,奇}\frac{1}{m^2-1}=\frac{5}{4}-\frac{\pi^2}{8}$ を示す．

これは，次の通り：

$$\sum_{m:巾,奇}\frac{1}{m^2-1}=\sum_{n>1,奇}\frac{1}{n^2-1}-\sum_{k:非巾,奇}\frac{1}{k^2-1}$$

$$=\sum_{m=1}^{\infty}\frac{1}{(2m+1)^2-1}-\sum_{k:非巾,奇}\sum_{\ell=1}^{\infty}\frac{1}{k^{2\ell}}$$

$$=\frac{1}{4}\sum_{m=1}^{\infty}\frac{1}{m(m+1)}-\sum_{n>1,奇}\frac{1}{n^2}$$

$$=\frac{1}{4}-\left(\frac{\pi^2}{8}-1\right)$$

$$=\frac{5}{4}-\frac{\pi^2}{8}.$$

ただし，

$$\sum_{m=1}^{\infty}\frac{1}{m(m+1)}=\sum_{m=1}^{\infty}\left(\frac{1}{m}-\frac{1}{m+1}\right)=1,$$

$$\sum_{n:奇}\frac{1}{n^2}=\left(1-\frac{1}{2^2}\right)\zeta(2)=\frac{3}{4}\cdot\frac{\pi^2}{6}=\frac{\pi^2}{8}$$

を用いた．したがって，

$$\sum_{m:\text{巾},\text{奇}}\left(\frac{1}{m-1}-\frac{1}{m+1}\right)=2\sum_{m:\text{巾},\text{奇}}\frac{1}{m^2-1}$$

$$=\frac{5}{2}-\frac{\pi^2}{4}$$

となる．一方

$$\sum_{m:\text{巾},\text{奇}}\frac{1}{m-1}\overset{\text{定理}2}{=}1-\log 2$$

だから

$$\sum_{m:\text{巾},\text{奇}}\frac{1}{m+1}=(1-\log 2)-\left(\frac{5}{2}-\frac{\pi^2}{4}\right)$$

$$=\frac{\pi^2}{4}-\log 2-\frac{3}{2}$$

である．

(3)　　　　　$$\sum_{m:\text{巾}}\frac{1}{m+1}\overset{(1)}{=}\frac{\pi^2}{3}-\frac{5}{2}$$

であったので，(2) を用いて

$$\sum_{m:\text{巾},\text{偶}}\frac{1}{m+1}=\left(\frac{\pi^2}{3}-\frac{5}{2}\right)-\left(\frac{\pi^2}{4}-\log 2-\frac{3}{2}\right)$$

$$=\frac{\pi^2}{12}+\log 2-1.$$

［証明終］

第3章

オイラー積分解の発見

オイラー積分解の発見がゼータ関数論の真の出発点であった．本章は，その1737年論文の本体に入る．

3.1 オイラー論文

第2章では1737年論文（E72，全集 I−14, 216-244）の定理1〜定理6を扱った．オイラー流の書き方と証明法にどぎもを抜かれたかも知れない．本章はオイラー積を研究する定理7以降に行こう．ひとまず，定理15までを目標にしよう．

オイラーは，定理6のあとに解説を入れて，次の趣旨のことを述べている：「これら6個の定理（定理1〜定理6）は各項の和や差から構成されていた．次の定理たちは各項の積から構成されていて，前の6個の定理と同様，各項とも不規則で見事なものである．ただし，顕著な違いは，前の定理では巾を扱っていて，それも不規則ではあったが，後の定理では各項は素数からできていて難解なものである．」

これが，オイラー積の誕生宣言であった．

定理7

$$\frac{2 \cdot 3 \cdot 5 \cdot 7 \cdot 11 \cdot 13 \cdot 17 \cdot 19 \cdot \text{etc.}}{1 \cdot 2 \cdot 4 \cdot 6 \cdot 10 \cdot 12 \cdot 16 \cdot 18 \cdot \text{etc.}}$$

$$= 1 + \frac{1}{2} + \frac{1}{3} + \frac{1}{4} + \frac{1}{5} + \frac{1}{6} + \text{etc.}$$

オイラーの証明

$$x = 1 + \frac{1}{2} + \frac{1}{3} + \frac{1}{4} + \frac{1}{5} + \frac{1}{6} + \text{etc.}$$

とおくと

$$\frac{1}{2}x = \frac{1}{2} + \frac{1}{4} + \frac{1}{6} + \frac{1}{8} + \text{etc.}$$

より，辺々引いて

$$\frac{1}{2}x = 1 + \frac{1}{3} + \frac{1}{5} + \frac{1}{7} + \text{etc.}$$

となり，したがって

$$\frac{1}{2} \cdot \frac{1}{3}x = \frac{1}{3} + \frac{1}{9} + \frac{1}{15} + \frac{1}{21} + \text{etc.}$$

を引くと

$$\frac{1}{2} \cdot \frac{2}{3}x = 1 + \frac{1}{5} + \frac{1}{7} + \frac{1}{11} + \frac{1}{13} + \text{etc.}$$

となる．これから

$$\frac{1}{2} \cdot \frac{2}{3} \cdot \frac{1}{5}x = \frac{1}{5} + \frac{1}{25} + \frac{1}{35} + \text{etc.}$$

を引いて

$$\frac{1}{2} \cdot \frac{2}{3} \cdot \frac{4}{5}x = 1 + \frac{1}{7} + \frac{1}{11} + \frac{1}{13} + \text{etc.}$$

となる．これを $7, 11, \cdots$ に対して続けると

$$\frac{1 \cdot 2 \cdot 4 \cdot 6 \cdot 10 \cdot 12 \cdot 16 \cdot 18 \cdot 22 \cdot \text{etc.}}{2 \cdot 3 \cdot 5 \cdot 7 \cdot 11 \cdot 13 \cdot 17 \cdot 19 \cdot 23 \cdot \text{etc.}}x = 1$$

となる．よって，

$$x = 1 + \frac{1}{2} + \frac{1}{3} + \frac{1}{4} + \frac{1}{5} + \frac{1}{6} + \text{etc.}$$

であることから

$$1 + \frac{1}{2} + \frac{1}{3} + \frac{1}{4} + \frac{1}{5} + \frac{1}{6} + \frac{1}{7} + \text{etc.}$$

$$= \frac{2 \cdot 3 \cdot 5 \cdot 7 \cdot 11 \cdot 13 \cdot 17 \cdot 19 \cdot 23 \cdot \text{etc.}}{1 \cdot 2 \cdot 4 \cdot 6 \cdot 10 \cdot 12 \cdot 16 \cdot 18 \cdot 22 \cdot \text{etc.}}$$

となる． ［証明終］

第3章　オイラー積分解の発見

系1
$$\frac{2 \cdot 3 \cdot 5 \cdot 7 \cdot 11 \cdot 13 \cdot \text{etc.}}{1 \cdot 2 \cdot 4 \cdot 6 \cdot 10 \cdot 12 \cdot \text{etc.}} = \log \infty.$$

系2
$$\frac{4 \cdot 9 \cdot 16 \cdot 25 \cdot 36 \cdot 49 \cdot \text{etc.}}{3 \cdot 8 \cdot 15 \cdot 24 \cdot 35 \cdot 48 \cdot \text{etc.}} = 2$$

だから，素数は平方数より"無限に"多い.

系3
$$\frac{2 \cdot 3 \cdot 4 \cdot 5 \cdot 6 \cdot 7 \cdot \text{etc.}}{1 \cdot 2 \cdot 3 \cdot 4 \cdot 5 \cdot 6 \cdot \text{etc.}} = \infty$$

だから，素数は自然数より"無限に"少ない.

定理8

$$\frac{2^n \cdot 3^n \cdot 5^n \cdot 7^n \cdot 11^n \cdot \text{etc.}}{(2^n-1)(3^n-1)(5^n-1)(7^n-1)(11^n-1)\text{etc.}}$$
$$= 1 + \frac{1}{2^n} + \frac{1}{3^n} + \frac{1}{4^n} + \frac{1}{5^n} + \frac{1}{6^n} + \frac{1}{7^n} + \text{etc.}$$

オイラーの証明

$$x = 1 + \frac{1}{2^n} + \frac{1}{3^n} + \frac{1}{4^n} + \frac{1}{5^n} + \frac{1}{6^n} + \text{etc.}$$

とおくと

$$\frac{1}{2^n} x = \frac{1}{2^n} + \frac{1}{4^n} + \frac{1}{6^n} + \frac{1}{8^n} + \text{etc.}$$

より，辺々引いて

$$\frac{2^n-1}{2^n} x = 1 + \frac{1}{3^n} + \frac{1}{5^n} + \frac{1}{7^n} + \frac{1}{9^n} + \text{etc.}$$

となり，したがって

$$\frac{2^n-1}{2^n} \cdot \frac{1}{3^n} x = \frac{1}{3^n} + \frac{1}{9^n} + \frac{1}{15^n} + \frac{1}{21^n} + \text{etc.}$$

を引くと

39

$$\frac{(2^n-1)(3^n-1)}{2^n \cdot 3^n} x = 1 + \frac{1}{5^n} + \frac{1}{7^n} + \text{etc.}$$

となる．同様にして

$$1 = \frac{(2^n-1)(3^n-1)(5^n-1)(7^n-1)(11^n-1)\text{etc.}}{2^n \cdot 3^n \cdot 5^n \cdot 7^n \cdot 11^n \cdot \text{etc.}} x$$

となるので

$$\frac{2^n \cdot 3^n \cdot 5^n \cdot 7^n \cdot 11^n \cdot \text{etc.}}{(2^n-1)(3^n-1)(5^n-1)(7^n-1)(11^n-1)\text{etc.}}$$

$$= 1 + \frac{1}{2^n} + \frac{1}{3^n} + \frac{1}{4^n} + \frac{1}{5^n} + \frac{1}{6^n} + \text{etc.}$$

が成り立つ． [**証明終**]

系1 $n=2$ とすると

$$1 + \frac{1}{4} + \frac{1}{9} + \frac{1}{16} + \text{etc.} = \frac{\pi^2}{6} \quad [オイラー 1735 年]$$

なので，

$$\frac{4 \cdot 9 \cdot 25 \cdot 49 \cdot 121 \cdot 169 \cdot \text{etc.}}{3 \cdot 8 \cdot 24 \cdot 48 \cdot 120 \cdot 168 \cdot \text{etc.}} = \frac{\pi^2}{6}$$

つまり，

$$\frac{\pi^2}{6} = \frac{2 \cdot 2 \cdot 3 \cdot 3 \cdot 5 \cdot 5 \cdot 7 \cdot 7 \cdot 11 \cdot 11 \cdot \text{etc.}}{1 \cdot 3 \cdot 2 \cdot 4 \cdot 4 \cdot 6 \cdot 6 \cdot 8 \cdot 10 \cdot 12 \cdot \text{etc.}}.$$

系2 $n=4$ とすると

$$1 + \frac{1}{2^4} + \frac{1}{3^4} + \frac{1}{4^4} + \frac{1}{5^4} + \text{etc.} = \frac{\pi^4}{90} \quad [オイラー 1735 年]$$

なので，

$$\frac{\pi^4}{90} = \frac{4 \cdot 4 \cdot 9 \cdot 9 \cdot 25 \cdot 25 \cdot 49 \cdot 49 \cdot 121 \cdot 121 \cdot \text{etc.}}{3 \cdot 5 \cdot 8 \cdot 10 \cdot 24 \cdot 26 \cdot 48 \cdot 50 \cdot 120 \cdot 122 \cdot \text{etc.}}.$$

これを系1の $\dfrac{\pi^2}{6}$ の式で割ると

$$\frac{\pi^2}{15} = \frac{4 \cdot 9 \cdot 25 \cdot 49 \cdot 121 \cdot 169 \cdot \text{etc.}}{5 \cdot 10 \cdot 26 \cdot 50 \cdot 122 \cdot 170 \cdot \text{etc.}}.$$

第3章　オイラー積分解の発見

定理9

$$\frac{5 \cdot 13 \cdot 25 \cdot 61 \cdot 85 \cdot 145 \cdot \text{etc.}}{4 \cdot 12 \cdot 24 \cdot 60 \cdot 84 \cdot 144 \cdot \text{etc.}} = \frac{3}{2}.$$

左辺は

$$\prod_{p:\text{奇素数}} \frac{\left(\frac{p^2+1}{2}\right)}{\left(\frac{p^2-1}{2}\right)}.$$

オイラーの証明

系1の

$$\frac{\pi^2}{6} = \frac{4 \cdot 9 \cdot 25 \cdot 49 \cdot 121 \cdot 169 \cdot 289 \cdot \text{etc.}}{3 \cdot 8 \cdot 24 \cdot 48 \cdot 120 \cdot 168 \cdot 288 \cdot \text{etc.}}$$

を系2の

$$\frac{\pi^2}{15} = \frac{4 \cdot 9 \cdot 25 \cdot 49 \cdot 121 \cdot 169 \cdot 289 \cdot \text{etc.}}{5 \cdot 10 \cdot 26 \cdot 50 \cdot 122 \cdot 170 \cdot 290 \cdot \text{etc.}}$$

で割ると

$$\frac{5}{2} = \frac{5 \cdot 10 \cdot 26 \cdot 50 \cdot 122 \cdot 170 \cdot 290 \cdot \text{etc.}}{3 \cdot 8 \cdot 24 \cdot 48 \cdot 120 \cdot 168 \cdot 288 \cdot \text{etc.}}$$

となる．よって，$\frac{5}{3}$ で割ると

$$\frac{3}{2} = \frac{10 \cdot 26 \cdot 50 \cdot 122 \cdot 170 \cdot 290 \cdot \text{etc.}}{8 \cdot 24 \cdot 48 \cdot 120 \cdot 168 \cdot 288 \cdot \text{etc.}}$$

$$= \frac{5 \cdot 13 \cdot 25 \cdot 61 \cdot 85 \cdot 145 \cdot \text{etc.}}{4 \cdot 12 \cdot 24 \cdot 60 \cdot 84 \cdot 144 \cdot \text{etc.}}.$$

［証明終］

定理 10

$$\frac{\pi^3}{32} = \frac{80 \cdot 224 \cdot 440 \cdot 624 \cdot 728 \cdot \text{etc.}}{81 \cdot 225 \cdot 441 \cdot 625 \cdot 729 \cdot \text{etc.}}.$$

右辺は

$$\prod_{\substack{n>1 \\ \text{非素数奇数}}} \frac{n^2-1}{n^2} = \frac{(9^2-1)(15^2-1)(21^2-1)(25^2-1)(27^2-1)\cdots}{9^2 \cdot 15^2 \cdot 21^2 \cdot 25^2 \cdot 27^2 \cdots}.$$

オイラーの証明

ウォリスの公式

$$\frac{\pi}{4} = \frac{8 \cdot 24 \cdot 48 \cdot 80 \cdot 120 \cdot 168 \cdot \text{etc.}}{9 \cdot 25 \cdot 49 \cdot 81 \cdot 121 \cdot 169 \cdot \text{etc.}}$$

に

$$\frac{\pi^2}{6} = \frac{4 \cdot 9 \cdot 25 \cdot 49 \cdot 121 \cdot 169 \cdot \text{etc.}}{3 \cdot 8 \cdot 24 \cdot 48 \cdot 120 \cdot 168 \cdot \text{etc.}}$$

を $\frac{4}{3}$ で割って得られる

$$\frac{\pi^2}{8} = \frac{9 \cdot 25 \cdot 49 \cdot 121 \cdot 169 \cdot \text{etc.}}{8 \cdot 24 \cdot 48 \cdot 120 \cdot 168 \cdot \text{etc.}}$$

を掛けると

$$\frac{\pi^3}{32} = \frac{80 \cdot 224 \cdot 440 \cdot 624 \cdot 728 \cdot \text{etc.}}{81 \cdot 225 \cdot 441 \cdot 625 \cdot 729 \cdot \text{etc.}}$$

を得る.   ［**証明終**］

定理 11
$$\frac{\pi}{4} = \frac{3 \cdot 5 \cdot 7 \cdot 11 \cdot 13 \cdot 17 \cdot 19 \cdot 23 \cdot \text{etc.}}{4 \cdot 4 \cdot 8 \cdot 12 \cdot 12 \cdot 16 \cdot 20 \cdot 24 \cdot \text{etc.}}.$$

右辺は

$$\prod_{p:\text{奇素数}} \frac{p}{p-(-1)^{\frac{p-1}{2}}}.$$

第 3 章　オイラー積分解の発見

オイラーの証明

$$\frac{\pi}{4} = 1 - \frac{1}{3} + \frac{1}{5} - \frac{1}{7} + \frac{1}{9} - \frac{1}{11} + \frac{1}{13} - \text{etc.}$$

より得られる

$$\frac{1}{3} \cdot \frac{\pi}{4} = \frac{1}{3} - \frac{1}{9} + \frac{1}{15} - \frac{1}{21} + \text{etc.}$$

を足すと

$$\frac{4}{3} \cdot \frac{\pi}{4} = 1 + \frac{1}{5} - \frac{1}{7} - \frac{1}{11} + \frac{1}{13} + \text{etc.}$$

となる．よって，

$$\frac{1}{5} \cdot \frac{4}{3} \cdot \frac{\pi}{4} = \frac{1}{5} + \frac{1}{25} - \frac{1}{35} - \frac{1}{55} + \text{etc.}$$

を引くと

$$\frac{4}{5} \cdot \frac{4}{3} \cdot \frac{\pi}{4} = 1 - \frac{1}{7} - \frac{1}{11} + \frac{1}{13} + \text{etc.}$$

となる．同様に

$$\frac{1}{7} \cdot \frac{4}{5} \cdot \frac{4}{3} \cdot \frac{\pi}{4} = \frac{1}{7} - \frac{1}{49} - \frac{1}{77} + \text{etc.}$$

を足すと

$$\frac{8 \cdot 4 \cdot 4}{7 \cdot 5 \cdot 3} \cdot \frac{\pi}{4} = 1 - \frac{1}{11} + \frac{1}{13} + \frac{1}{17} - \text{etc.}$$

となる．繰り返して

$$\frac{\text{etc.}\, 24 \cdot 20 \cdot 16 \cdot 12 \cdot 12 \cdot 8 \cdot 4 \cdot 4}{\text{etc.}\, 23 \cdot 19 \cdot 17 \cdot 13 \cdot 11 \cdot 7 \cdot 5 \cdot 3} \cdot \frac{\pi}{4} = 1$$

を得る．したがって

$$\frac{\pi}{4} = \frac{3 \cdot 5 \cdot 7 \cdot 11 \cdot 13 \cdot 17 \cdot 19 \cdot 23 \cdot \text{etc.}}{4 \cdot 4 \cdot 8 \cdot 12 \cdot 12 \cdot 16 \cdot 20 \cdot 24 \cdot \text{etc.}}$$

である．　　　　　　　　　　　　　　　　　　　　　　　　　　[**証明終**]

| 定理12 | $$\frac{2\cdot2\cdot4\cdot6\cdot6\cdot8\cdot10\cdot12\cdot\text{etc.}}{1\cdot3\cdot3\cdot5\cdot7\cdot9\ \cdot\ 9\cdot11\cdot\text{etc.}}=2.$$ |

左辺は

$$\prod_{p:\text{奇素数}}\frac{\left(\frac{p-(-1)^{\frac{p-1}{2}}}{2}\right)}{\left(\frac{p+(-1)^{\frac{p-1}{2}}}{2}\right)}.$$

オイラーの証明

定理 11 の

$$\frac{\pi}{4}=\frac{3\cdot5\cdot7\cdot\text{etc.}}{4\cdot4\cdot8\cdot\text{etc.}}$$

から

$$\frac{16}{\pi^2}=\frac{4\cdot4\cdot4\cdot8\cdot8\cdot12\cdot12\cdot12\cdot12\cdot16\cdot16\cdot\text{etc.}}{3\cdot3\cdot5\cdot5\cdot7\cdot7\cdot11\cdot11\cdot13\cdot13\cdot17\cdot17\cdot\text{etc.}}$$

となる．次に，定理 8 系 1 の式に $\frac{3}{4}$ を掛けると

$$\frac{\pi^2}{8}=\frac{3\cdot3\cdot5\cdot5\cdot7\cdot7\cdot11\cdot13\cdot13\cdot\text{etc.}}{2\cdot4\cdot4\cdot6\cdot6\cdot8\cdot10\cdot12\cdot14\cdot\text{etc.}}$$

となる．よって，上記の 2 つの式を掛けて

$$2=\frac{4\cdot4\cdot8\cdot12\cdot12\cdot16\cdot20\cdot24\cdot\text{etc.}}{2\cdot6\cdot6\cdot10\cdot14\cdot18\cdot18\cdot22\cdot\text{etc.}}$$

を得る．したがって，

$$2=\frac{2\cdot2\cdot4\cdot6\cdot6\cdot8\cdot10\cdot12\cdot\text{etc.}}{1\cdot3\cdot3\cdot5\cdot7\cdot9\ \cdot\ 9\cdot11\cdot\text{etc.}}$$

となる． [証明終]

第3章　オイラー積分解の発見

定理 13
$$\frac{\pi}{4} = \frac{4 \cdot 8 \cdot 10 \cdot 12 \cdot 14 \cdot 16 \cdot 18 \cdot 20 \cdot 22 \cdot 24 \cdot \text{etc.}}{5 \cdot 7 \cdot 11 \cdot 13 \cdot 13 \cdot 17 \cdot 17 \cdot 19 \cdot 23 \cdot 25 \cdot \text{etc.}}.$$

右辺は

$$\prod_{\substack{n>1 \\ \text{非素数奇数}}} \frac{\left(\frac{n-(-1)^{\frac{n-1}{2}}}{2}\right)}{\left(\frac{n+(-1)^{\frac{n-1}{2}}}{2}\right)}.$$

オイラーの証明

ウォリスの公式［1656 年］

$$\frac{\pi}{2} = \frac{2 \cdot 2 \cdot 4 \cdot 4 \cdot 6 \cdot 6 \cdot 8 \cdot 8 \cdot 10 \cdot 10 \cdot 12 \cdot 12 \cdot \text{etc.}}{1 \cdot 3 \cdot 3 \cdot 5 \cdot 5 \cdot 7 \cdot 7 \cdot 9 \cdot 9 \cdot 11 \cdot 11 \cdot 13 \cdot \text{etc.}}$$

を定理 12 の

$$2 = \frac{2 \cdot 2 \cdot 4 \cdot 6 \cdot 6 \cdot 8 \cdot 10 \cdot 12 \cdot \text{etc.}}{1 \cdot 3 \cdot 3 \cdot 5 \cdot 7 \cdot 9 \cdot 9 \cdot 11 \cdot \text{etc.}}$$

で割って

$$\frac{\pi}{4} = \frac{4 \cdot 8 \cdot 10 \cdot 12 \cdot 14 \cdot 16 \cdot 18 \cdot 20 \cdot 22 \cdot 24 \cdot \text{etc.}}{5 \cdot 7 \cdot 11 \cdot 13 \cdot 13 \cdot 17 \cdot 17 \cdot 19 \cdot 23 \cdot 25 \cdot \text{etc.}}$$

となる. 　　　　　　　　　　　　　　　　　　　　　　　　**［証明終］**

定理 14
$$\frac{\pi}{2} = \frac{3 \cdot 5 \cdot 7 \cdot 11 \cdot 13 \cdot 17 \cdot 19 \cdot 23 \cdot 29 \cdot 31 \cdot \text{etc.}}{2 \cdot 6 \cdot 6 \cdot 10 \cdot 14 \cdot 18 \cdot 18 \cdot 22 \cdot 30 \cdot 30 \cdot \text{etc.}}.$$

右辺は

$$\prod_{p:\text{奇素数}} \frac{p}{p+(-1)^{\frac{p-1}{2}}}.$$

オイラーの証明

定理 8 系 1 の式に $\frac{3}{4}$ を掛けた

$$\frac{\pi^2}{8} = \frac{3 \cdot 3 \cdot 5 \cdot 5 \cdot 7 \cdot 7 \cdot 11 \cdot 11 \cdot 13 \cdot 13 \cdot \text{etc.}}{2 \cdot 4 \cdot 4 \cdot 6 \cdot 6 \cdot 8 \cdot 10 \cdot 12 \cdot 12 \cdot 14 \cdot \text{etc.}}$$

を定理 11 の

45

$$\frac{\pi}{4} = \frac{3 \cdot 5 \cdot 7 \cdot 11 \cdot 13 \cdot 17 \cdot 19 \cdot 23 \cdot \text{etc.}}{4 \cdot 4 \cdot 8 \cdot 12 \cdot 12 \cdot 16 \cdot 20 \cdot 24 \cdot \text{etc.}}$$

で割って

$$\frac{\pi}{2} = \frac{3 \cdot 5 \cdot 7 \cdot 11 \cdot 13 \cdot 17 \cdot 19 \cdot \text{etc.}}{2 \cdot 6 \cdot 6 \cdot 10 \cdot 14 \cdot 18 \cdot 18 \cdot \text{etc.}}.$$

［証明終］

定理 15

$$\frac{\pi}{2} = 1 + \frac{1}{3} - \frac{1}{5} + \frac{1}{7} + \frac{1}{9} + \frac{1}{11} - \frac{1}{13} - \frac{1}{15}$$

$$- \frac{1}{17} + \frac{1}{19} + \frac{1}{21} + \frac{1}{23} + \frac{1}{25} + \frac{1}{27} - \frac{1}{29}$$

$$+ \frac{1}{31} + \frac{1}{33} - \frac{1}{35} - \frac{1}{37} - \text{etc.}$$

【定理 14 の式を展開】

系　　$$1 + \frac{1}{3} - \frac{1}{5} + \frac{1}{7} + \frac{1}{9} + \frac{1}{11} - \frac{1}{13} - \text{etc.}$$

$$= 2\left(1 - \frac{1}{3} + \frac{1}{5} - \frac{1}{7} + \frac{1}{9} - \frac{1}{11} + \text{etc.}\right).$$

3.2　オイラー論文の解説

ゼータ関数の記号を用意しておこう．リーマンゼータ関数は $s > 1$ （あるいは $\mathrm{Re}(s) > 1$）に対して

$$\zeta(s) = \sum_{n=1}^{\infty} n^{-s}$$

と定まる．［$\zeta(s)$ は $s \in \mathbb{C}$ 全体へ有理型関数として解析接続される．］オイラーは $\zeta(s)$ と同時に，ゼータ関数（L 関数）

$$L(s) = \sum_{n:\text{奇数}} (-1)^{\frac{n-1}{2}} n^{-s}$$

も扱うのが普通である．簡単にするには，

$$\chi(n) = (-1)^{\frac{n-1}{2}}$$

とおいて

$$L(s) = \sum_{n:\text{奇数}} \chi(n) n^{-s}$$

と書く．［$L(s)$ は $s \in \mathbb{C}$ 全体へ正則関数として解析接続される．］

定理 7 の解説

　定理7は定理8の $n = 1$ の場合なので定理8の解説を参照されたいが，定理7の定式化やオイラーによる証明は，定理1の証明の場合と同じく

$$1 + \frac{1}{2} + \frac{1}{3} + \cdots$$

から出発していて，それが ∞ （オイラー式には $\log \infty$）なので苦しい．

　系1は，$N \to \infty$ のとき

$$\prod_{\substack{p<N \\ \text{素数}}} \frac{p}{p-1} \sim \sum_{n<N} \frac{1}{n} \sim \log N$$

を意味してると考えられる．系2は

$$\prod_{n=1}^{\infty} \frac{n^2}{n^2-1} = 2$$

を使っている．これは

$$\prod_{n=1}^{N} \frac{n^2}{n^2-1} = \frac{2^2}{1 \cdot 3} \cdot \frac{3^2}{2 \cdot 4} \cdots \cdots \frac{N^2}{(N-1)(N+1)}$$

$$= \frac{2N}{N+1} \xrightarrow{N \to \infty} 2$$

である．系3では

$$\prod_{n=2}^{N} \frac{n}{n-1} = \frac{2}{1} \cdot \frac{3}{2} \cdots \cdot \frac{N}{N-1} = N$$

より

$$\prod_{n=2}^{\infty} \frac{n}{n-1} = \infty$$

と書いている. オイラーは無限大について ∞, $\log \infty$, $\log\log \infty$ などを区別している場合も多いので注意が必要となる.

■■■ **定理 8 の解説** ■■■■■■■■■■■■

定理 8 はオイラー積分解

$$\zeta(s) = \prod_{p:\text{素数}} (1-p^{-s})^{-1}$$

そのものである. ここで, $s>1$ （あるいは, $\mathrm{Re}(s)>1$）. 定理 8 での n は自然数 $n = 1, 2, 3, \cdots$ を指していると考えておこう.

通常の証明は

$$\prod_{p:\text{素数}} (1-p^{-s})^{-1} = (1-2^{-s})^{-1} \times (1-3^{-s})^{-1} \times$$
$$(1-5^{-s})^{-1} \times (1-7^{-s})^{-1} \times (1-11^{-s})^{-1} \times \cdots$$

を公式

$$\frac{1}{1-x} = 1 + x + x^2 + x^3 + \cdots$$

を用いて展開して

$$\prod_{p:\text{素数}} (1-p^{-s})^{-1} = (1 + 2^{-s} + 4^{-s} + 8^{-s} + 16^{-s} + \cdots) \times$$
$$(1 + 3^{-s} + 9^{-s} + 27^{-s} + \cdots) \times (1 + 5^{-s} + 25^{-s} + \cdots) \times$$
$$(1 + 7^{-s} + 49^{-s} + \cdots) \times (1 + 11^{-s} + 121^{-s} + \cdots) \times \cdots$$
$$= 1 + 2^{-s} + 3^{-s} + 4^{-s} + 5^{-s} + 6^{-s} + 7^{-s} + 8^{-s} + 9^{-s}$$
$$+ 10^{-s} + 11^{-s} + 12^{-s} + \cdots$$

とするものである．ここで，

$$6^{-s} = 2^{-s} \times 3^{-s},$$
$$10^{-s} = 2^{-s} \times 5^{-s},$$
$$12^{-s} = 4^{-s} \times 3^{-s}$$

などを使っている．つまり，ピタゴラス以来の素因数分解（自然数の素数積分解）が2000年以上経って，オイラー積分解にまとめあげられたのである．もちろん，上記の証明は結果を知っていての後付けの証明であって誰でも理解できる（つまり「展開」証明）が，オイラー積分解の発見はオイラーにしかできなかった．その点で，オイラーの原論文の証明は「因数分解」を行っていて，とても参考になる．

定理8の系1は

$$\frac{\pi^2}{6} = \zeta(2) = \prod_{p:\text{素数}} (1 - p^{-2})^{-1} = \prod_{p:\text{素数}} \frac{p^2}{p^2 - 1},$$

系2は

$$\frac{\pi^4}{90} = \zeta(4) = \prod_{p:\text{素数}} (1 - p^{-4})^{-1} = \prod_{p:\text{素数}} \frac{p^4}{p^4 - 1}$$

および

$$\frac{\pi^2}{15} = \frac{\zeta(4)}{\zeta(2)} = \prod_{p:\text{素数}} \frac{1 - p^{-2}}{1 - p^{-4}} = \prod_{p:\text{素数}} \frac{p^2}{p^2 + 1}$$

である．

定理 9 の解説

定理9は

$$\prod_{p:\text{奇素数}} \frac{\left(\frac{p^2 + 1}{2}\right)}{\left(\frac{p^2 - 1}{2}\right)} = \frac{3}{2}$$

であり，その導出はオイラーの証明にある通りで，定理8系1の式

$$\prod_{p:\text{素数}} \frac{p^2}{p^2-1} = \frac{\pi^2}{6}$$

を系2の式

$$\prod_{p:\text{素数}} \frac{p^2}{p^2+1} = \frac{\pi^2}{15}$$

で割ることにより

$$\prod_{p:\text{素数}} \frac{p^2+1}{p^2-1} = \frac{15}{6} = \frac{5}{2}$$

とした後に，

$$左辺 = \frac{5}{3} \times \prod_{p:\text{奇素数}} \frac{p^2+1}{p^2-1}$$

より

$$\prod_{p:\text{奇素数}} \frac{p^2+1}{p^2-1} = \frac{5}{2} \times \frac{3}{5} = \frac{3}{2}$$

となる．つまり

$$\prod_{p:\text{奇素数}} \frac{\left(\frac{p^2+1}{2}\right)}{\left(\frac{p^2-1}{2}\right)} = \frac{3}{2}$$

である．

▰▰ 定理 10 の証明 ▰▰▰▰▰▰▰▰▰▰▰▰▰▰▰▰▰

　ウォリスの公式はウォリス（J.Wallis）が『無限数論』
（1656 年）において発表したものであり，オイラーの証明
で使われている形で書くと

$$\frac{\pi}{4} = \prod_{\substack{n>1 \\ \text{奇数}}} \frac{n^2-1}{n^2}$$

である．一方，定理 8 系 1 に $\frac{3}{4}$ を掛けると

$$\frac{\pi^2}{8} = \prod_{p:\text{奇素数}} \frac{p^2}{p^2-1}$$

であるから，

第 3 章　オイラー積分解の発見

$$\frac{\pi^3}{32} = \prod_{\substack{n>1 \\ \text{奇数}}} \frac{n^2-1}{n^2} \times \prod_{p:\text{奇素数}} \frac{p^2}{p^2-1}$$

$$= \prod_{\substack{n>1,\text{奇数} \\ \text{非素数}}} \frac{n^2-1}{n^2}$$

となる.

定理 11 の解説

　$s>1$（あるいは $\mathrm{Re}(s)>1$）に対して成立するオイラー積分解

$$L(s) = \prod_{p:\text{奇素数}} \left(1-(-1)^{\frac{p-1}{2}} p^{-s}\right)^{-1}$$

の $s=1$ 版である．$s>1(\mathrm{Re}(s)>1)$ に対する証明は定理 8 の場合とまったく同様である．それが $s=1$ の場合にも成立することの証明には，条件収束となることの困難さもあって易しくない．等式

$$\prod_{p:\text{奇素数}} \left(1-(-1)^{\frac{p-1}{2}} p^{-1}\right)^{-1} = \frac{\pi}{4}$$

の正確な証明は，1874 年にメルテンスが与えた．詳しくは

黒川信重『リーマン予想の先へ：深リーマン予想』東京図書，2013 年

を読まれたい．なお，

$$\sum_{n:\text{奇数}} \frac{(-1)^{\frac{n-1}{2}}}{n} = 1 - \frac{1}{3} + \frac{1}{5} - \frac{1}{7} + \cdots = \frac{\pi}{4}$$

はマーダバ（1400 年頃）の結果である．

定理 12 の解説

　定理 11 の

$$\frac{\pi}{4} = \prod_{p:\text{奇素数}} \frac{p}{p-(-1)^{\frac{p-1}{2}}}$$

から 2 乗の逆数を作ると

$$\frac{16}{\pi^2} = \prod_{p:\text{奇素数}} \frac{(p-(-1)^{\frac{p-1}{2}})^2}{p^2}$$

となり，定理 8 系 1 に $\frac{3}{4}$ を掛けると

$$\frac{\pi^2}{8} = \prod_{p:\text{奇素数}} \frac{p^2}{p^2-1}$$

$$= \prod_{p:\text{奇素数}} \frac{p^2}{(p-(-1)^{\frac{p-1}{2}})(p+(-1)^{\frac{p-1}{2}})}$$

となるので，掛け合わせると

$$2 = \prod_{p:\text{奇素数}} \frac{(p-(-1)^{\frac{p-1}{2}})^2}{(p-(-1)^{\frac{p-1}{2}})(p+(-1)^{\frac{p-1}{2}})}$$

$$= \prod_{p:\text{奇素数}} \frac{p-(-1)^{\frac{p-1}{2}}}{p+(-1)^{\frac{p-1}{2}}}$$

となる．

▰▰ 定理 13 の解説 ▰▰

ウォリスの公式

$$\frac{\pi}{2} = \prod_{\substack{n>1 \\ \text{奇数}}} \frac{\left(\frac{n-(-1)^{\frac{n-1}{2}}}{2}\right)}{\left(\frac{n+(-1)^{\frac{n-1}{2}}}{2}\right)}$$

を定理 12 の

$$2 = \prod_{p:\text{奇素数}} \frac{\left(\frac{p-(-1)^{\frac{p-1}{2}}}{2}\right)}{\left(\frac{p+(-1)^{\frac{p-1}{2}}}{2}\right)}$$

で割って

第3章　オイラー積分解の発見

$$\frac{\pi}{4} = \prod_{\substack{n>1 \\ \text{奇数}}} \frac{\left(\frac{n-(-1)^{\frac{n-1}{2}}}{2}\right)}{\left(\frac{n+(-1)^{\frac{n-1}{2}}}{2}\right)} \times \prod_{p:\text{奇素数}} \frac{\left(\frac{p+(-1)^{\frac{p-1}{2}}}{2}\right)}{\left(\frac{p-(-1)^{\frac{p-1}{2}}}{2}\right)}$$

$$= \prod_{\substack{n>1,\text{奇数} \\ \text{非素数}}} \frac{\left(\frac{n-(-1)^{\frac{n-1}{2}}}{2}\right)}{\left(\frac{n+(-1)^{\frac{n-1}{2}}}{2}\right)}$$

となる.

定理 14 の解説

定理 8 系 1 の式に $\frac{3}{4}$ を掛けた

$$\frac{\pi^2}{8} = \prod_{p:\text{奇素数}} \frac{p^2}{p^2-1}$$

$$= \prod_{p:\text{奇素数}} \frac{p^2}{\left(p-(-1)^{\frac{p-1}{2}}\right)\left(p+(-1)^{\frac{p-1}{2}}\right)}$$

を定理 11 の

$$\frac{\pi}{4} = \prod_{p:\text{奇素数}} \frac{p}{p-(-1)^{\frac{p-1}{2}}}$$

で割ると

$$\frac{\pi}{2} = \prod_{p:\text{奇素数}} \frac{p}{p+(-1)^{\frac{p-1}{2}}}$$

となる.

定理 15 の解説

奇素数 p に対して

$$a(p) = (-1)^{\frac{p+1}{2}} = -\chi(p)$$

とおき, 奇数 n については完全乗法的に $a(n)$ を定義する.
つまり

$$n = p_1 \cdots p_\ell$$

（$p_1, \cdots, p_\ell$ は素数で, 同じものがあってもよい）

53

に対して

$$a(n) = a(p_1) \cdots a(p_\ell) = (-1)^\ell \chi(n)$$

と定める．さらに，

$$\zeta_a(s) = \sum_{n:奇数} a(n) n^{-s}$$

とおくと，オイラー積分解

$$\begin{aligned}
\zeta_a(s) &= \prod_{p:奇素数} \left(\sum_{k=0}^{\infty} a(p^k) p^{-ks} \right) \\
&= \prod_{p:奇素数} (1 - a(p)p^{-s})^{-1} \\
&= \prod_{p:奇素数} (1 + \chi(p)p^{-s})^{-1} \\
&= \prod_{p:奇素数} (1 + (-1)^{\frac{p-1}{2}} p^{-s})^{-1}
\end{aligned}$$

ができる．しかも，

$$\zeta_a(s) = \prod_{p:奇素数} \frac{1 - (-1)^{\frac{p-1}{2}} p^{-s}}{1 - p^{-2s}} = \frac{(1 - 2^{-2s})\zeta(2s)}{L(s)}$$

となって，$s \in \mathbb{C}$ 全体に有理型関数として解析接続される
こともわかる．とくに，

$$\zeta_a(1) = \frac{(1 - \frac{1}{4})\zeta(2)}{L(1)} = \frac{\pi}{2}$$

である．ここで，

$$L(1) = \frac{\pi}{4} \quad （マーダバ，1400 年頃），$$

$$\zeta(2) = \frac{\pi^2}{6} \quad （オイラー，1735 年）$$

を使った．

定理 15 は $\zeta_a(1)$ の表示（タウベル型定理を経由）

$$\frac{\pi}{2} = \sum_{n:奇数} \frac{a(n)}{n}$$

である．系は

第3章　オイラー積分解の発見

$$\sum_{n:\text{奇数}} \frac{a(n)}{n} = 2\sum_{n:\text{奇数}} \frac{\chi(n)}{n}$$

である．なお，定理 14 の証明で出てきた

$$\frac{\pi}{4} = \prod_{p:\text{奇素数}} \frac{p}{p-(-1)^{\frac{p-1}{2}}} = \sum_{n:\text{奇数}} \frac{\chi(n)}{n},$$

$$\frac{\pi}{2} = \prod_{p:\text{奇素数}} \frac{p}{p+(-1)^{\frac{p-1}{2}}} = \sum_{n:\text{奇数}} \frac{a(n)}{n}$$

を使ってもよい．オイラー積分解を見ると比の 2 は定理
12 でわかっている．

3.3　練習問題

=== 練習問題 ===

等式

$$\frac{\pi^2}{10} = \prod_{p:\text{素数}} \left(1 - \frac{1}{p^6 + p^4 + p^2 + 1}\right)$$

を証明せよ．

[**証明**] オイラー積分解より

$$\frac{\pi^6}{945} = \zeta(6) = \prod_{p:\text{素数}} (1-p^{-6})^{-1},$$

$$\frac{\pi^8}{9450} = \zeta(8) = \prod_{p:\text{素数}} (1-p^{-8})^{-1}$$

であるから，後者を前者で割って，

$$\frac{\pi^2}{10} = \frac{\zeta(8)}{\zeta(6)} = \prod_{p:\text{素数}} \frac{1-p^{-6}}{1-p^{-8}}$$

$$= \prod_{p:\text{素数}} \left(1 - \frac{1}{p^6 + p^4 + p^2 + 1}\right). \qquad [\text{証明終}]$$

この等式から

$$\frac{\pi}{\sqrt{10}} = \prod_{p:\text{素数}} \sqrt{1 - \frac{1}{p^6 + p^4 + p^2 + 1}}$$

$$= \sqrt{1 - \frac{1}{85}} \times \sqrt{1 - \frac{1}{820}} \times \cdots$$

は 1 に近いことがわかり，伝統的に

$$\sqrt{10} = 3.1622776601\cdots$$

が

$$\pi = 3.1415926535\cdots$$

の近似に使われてきたことが見やすい.

第4章

オイラー積の応用

　オイラー積分解の応用としては素数分布が見やすい．オイラーの1737年論文も最後の定理で素数分布に至っている．

4.1　オイラー論文

　オイラーの1737年論文（E72，全集 I–14, 216–244）は定理1〜定理19からなっている．前章までに，定理1〜定理15を扱った．本章は定理16〜定理19を見よう．

定理16

$$\frac{\pi}{2} = 1 + \frac{1}{2} - \frac{1}{6} + \frac{1}{6} + \frac{1}{10} - \frac{1}{14} - \frac{1}{16}$$

$$- \frac{1}{18} + \frac{1}{18} + \frac{1}{20} + \text{etc.}$$

オイラーの証明

　定理15に定理1〜定理3の証明方法を用いればできる．

[証明終]

　この定理16は結果自体がわかりにくい．　$-\frac{1}{6}$ と $\frac{1}{6}$,

$-\dfrac{1}{18}$ と $\dfrac{1}{18}$ のように打ち消す項が並んでいるのも一因である．仕組みは 4.2 節で解説する．

定理 17

$$\frac{3\pi}{8} = 1 + \frac{1}{9} - \frac{1}{15} + \frac{1}{21} + \frac{1}{25} + \frac{1}{33}$$
$$- \frac{1}{35} - \frac{1}{39} + \frac{1}{49} - \frac{1}{51} - \text{etc.}$$

右辺は

$$\sum_{\substack{n:\text{奇数} \\ \text{偶数個の素数の積}}} \frac{(-1)^{\frac{n-1}{2}}}{n}.$$

オイラーの証明

定理 15 より

$$\frac{\pi}{2} = 1 + \frac{1}{3} - \frac{1}{5} + \frac{1}{7} + \frac{1}{9} + \frac{1}{11} - \frac{1}{13}$$
$$- \frac{1}{15} - \frac{1}{17} + \frac{1}{19} + \text{etc.,}$$

$$\frac{\pi}{4} = 1 - \frac{1}{3} + \frac{1}{5} - \frac{1}{7} + \frac{1}{9} - \frac{1}{11} + \frac{1}{13} - \text{etc.}$$

であるから，足して 2 で割ると

$$\frac{3\pi}{8} = 1 + \frac{1}{9} - \frac{1}{15} + \frac{1}{21} + \frac{1}{25} + \frac{1}{33} - \text{etc.}$$

[証明終]

系 定理 17 の式から

$$\frac{\pi}{4} = 1 - \frac{1}{3} + \frac{1}{5} - \frac{1}{7} + \frac{1}{9} - \frac{1}{11} + \frac{1}{13} - \text{etc.}$$

を引くと

$$\frac{\pi}{8} = \frac{1}{3} - \frac{1}{5} + \frac{1}{7} + \frac{1}{11} - \frac{1}{13} - \frac{1}{17} + \frac{1}{19} + \text{etc.}$$

第4章　オイラー積の応用

定理18

$$1 - \frac{1}{2} - \frac{1}{3} + \frac{1}{4} - \frac{1}{5} + \frac{1}{6} - \frac{1}{7}$$

$$- \frac{1}{8} + \frac{1}{9} + \frac{1}{10} - \frac{1}{11} - \frac{1}{12} - \text{etc.} = 0.$$

ただし，$\frac{1}{n}$ の符号は n の素因子（相異ならなくてよい）の個数が奇数なら $-$，偶数なら $+$．

オイラーの証明

$$x = 1 - \frac{1}{2} - \frac{1}{3} + \frac{1}{4} - \frac{1}{5} + \frac{1}{6} - \frac{1}{7} - \frac{1}{8} + \text{etc.}$$

とおくと，定理7の証明と同様にして

$$\frac{3}{2}x = 1 - \frac{1}{3} - \frac{1}{5} - \frac{1}{7} + \frac{1}{9} - \frac{1}{11} - \text{etc.}$$

となる．同様にして

$$\frac{3}{2} \cdot \frac{4}{3} x = 1 - \frac{1}{5} - \frac{1}{7} - \frac{1}{11} - \frac{1}{13} - \text{etc.}$$

である．繰り返すと

$$\frac{3 \cdot 4 \cdot 6 \cdot 8 \cdot 12 \cdot 14 \cdot \text{etc.}}{2 \cdot 3 \cdot 5 \cdot 7 \cdot 11 \cdot 13 \cdot \text{etc.}} x = 1.$$

一方，定理7から

$$\frac{2 \cdot 3 \cdot 5 \cdot 7 \cdot 11 \cdot \text{etc.}}{1 \cdot 2 \cdot 4 \cdot 6 \cdot 10 \cdot \text{etc.}} = 1 + \frac{1}{2} + \frac{1}{3} + \frac{1}{4} + \frac{1}{5} + \text{etc.} = \log \infty$$

であり，x の係数は同じく無限大であることがわかる．したがって，$x = 0$．つまり

$$0 = 1 - \frac{1}{2} - \frac{1}{3} + \frac{1}{4} - \frac{1}{5} + \frac{1}{6} - \frac{1}{7} - \frac{1}{8} + \text{etc.}$$

［証明終］

> **系1** 調和級数 $1+\dfrac{1}{2}+\dfrac{1}{3}+\cdots$ に付けた符号がうまく分布して
>
> $$1-\frac{1}{2}-\frac{1}{3}+\frac{1}{4}-\frac{1}{5}+\frac{1}{6}-\frac{1}{7}-\frac{1}{8}+\text{etc.}=0$$
>
> となっている.

> **系2** $x=0$ より $\dfrac{3}{2}x=0$. よって
>
> $$0=1-\frac{1}{3}-\frac{1}{5}-\frac{1}{7}+\frac{1}{9}-\frac{1}{11}-\frac{1}{13}+\frac{1}{15}-\text{etc.}$$

定理19

$$\frac{1}{2}+\frac{1}{3}+\frac{1}{5}+\frac{1}{7}+\frac{1}{11}+\frac{1}{13}+\text{etc.}$$
$$=\log\left(1+\frac{1}{2}+\frac{1}{3}+\frac{1}{4}+\frac{1}{5}+\text{etc.}\right)$$
$$=\log\log\infty.$$

オイラーの証明

$$\frac{1}{2}+\frac{1}{3}+\frac{1}{5}+\frac{1}{7}+\frac{1}{11}+\text{etc.}=A,$$
$$\frac{1}{2^2}+\frac{1}{3^2}+\frac{1}{5^2}+\frac{1}{7^2}+\frac{1}{11^2}+\text{etc.}=B,$$
$$\frac{1}{2^3}+\frac{1}{3^3}+\frac{1}{5^3}+\frac{1}{7^3}+\frac{1}{11^3}+\text{etc.}=C$$

のように置くと,

$$e^{A+\frac{1}{2}B+\frac{1}{3}C+\frac{1}{4}D+\text{etc.}}$$
$$=1+\frac{1}{2}+\frac{1}{3}+\frac{1}{4}+\frac{1}{5}+\frac{1}{6}+\frac{1}{7}+\text{etc.}$$

を得る. その訳は,

60

$$A + \frac{1}{2}B + \frac{1}{3}C + \frac{1}{4}D + \text{etc.}$$

$$= \log \frac{2}{1} + \log \frac{3}{2} + \log \frac{5}{4} + \log \frac{7}{6} + \text{etc.}$$

なので，定理 7 から

$$e^{A + \frac{1}{2}B + \frac{1}{3}C + \frac{1}{4}D + \text{etc.}} = \frac{2 \cdot 3 \cdot 5 \cdot 7 \cdot \text{etc.}}{1 \cdot 2 \cdot 4 \cdot 6 \cdot \text{etc.}}$$

$$= 1 + \frac{1}{2} + \frac{1}{3} + \frac{1}{4} + \frac{1}{5} + \frac{1}{6} + \text{etc.}$$

となるのである．ここで，$B, C, D,$ etc. は有限であるだけでなく和

$$\frac{1}{2}B + \frac{1}{3}C + \frac{1}{4}D + \text{etc.}$$

も有限である．

　一方，

$$e^{A + \frac{1}{2}B + \frac{1}{3}C + \frac{1}{4}D + \text{etc.}} = 1 + \frac{1}{2} + \frac{1}{3} + \frac{1}{4} + \text{etc.} = \log \infty$$

［原文では $\log \infty$ の代りに ∞ と書いてある］であるから，A は無限となる．したがって，$\frac{1}{2}B + \frac{1}{3}C + \frac{1}{4}D + \text{etc.}$ を無視することができて，

$$e^{A} = e^{\frac{1}{2} + \frac{1}{3} + \frac{1}{5} + \frac{1}{7} + \frac{1}{11} + \text{etc.}}$$

$$= 1 + \frac{1}{2} + \frac{1}{3} + \frac{1}{4} + \frac{1}{5} + \text{etc.}$$

となる．よって，

$$\frac{1}{2} + \frac{1}{3} + \frac{1}{5} + \frac{1}{7} + \frac{1}{11} + \frac{1}{13} + \frac{1}{17} + \text{etc.}$$

$$= \log\left(1 + \frac{1}{2} + \frac{1}{3} + \frac{1}{4} + \frac{1}{5} + \frac{1}{6} + \frac{1}{7} + \text{etc.}\right)$$

となるので，

$$\frac{1}{2} + \frac{1}{3} + \frac{1}{5} + \frac{1}{7} + \frac{1}{11} + \text{etc.} = \log \log \infty.$$

［証明終］

4.2 オイラー論文の解説

オイラー論文は，数式を何度も書き写しているだけで，写経のように平安な心にしてくれる．とくに，オイラーの1737年論文は数字が心地よく並んでいるので癒される．

定理 16 の解説

定理 15 の解説で定義した $a(n)$（n は奇数）を用いる：

$$\sum_{n:\text{奇数}} a(n)n^{-s} = \prod_{p:\text{奇素数}} (1-a(p)p^{-s})^{-1}$$
$$= \prod_{p:\text{奇素数}} (1+(-1)^{\frac{p-1}{2}}p^{-s})^{-1}.$$

このゼータ関数を $\zeta_a(s)$ と書いている．

すると，定理 16 の内容は

$$\frac{\pi}{2} = 1 + \sum_{\substack{k:\text{非中,}\\\text{奇数}}} \frac{a(k)}{k-a(k)}$$

というものである．実際，この右辺は

$$1 + \frac{a(3)}{3-a(3)} + \frac{a(5)}{5-a(5)} + \frac{a(7)}{7-a(7)} + \frac{a(11)}{11-a(11)}$$
$$+ \frac{a(13)}{13-a(13)} + \frac{a(15)}{15-a(15)} + \frac{a(17)}{17-a(17)} + \frac{a(19)}{19-a(19)}$$
$$+ \frac{a(21)}{21-a(21)} + \frac{a(23)}{23-a(23)} + \frac{a(29)}{29-a(29)} + \frac{a(31)}{31-a(31)}$$
$$+ \frac{a(33)}{33-a(33)} + \frac{a(35)}{35-a(35)} + \frac{a(37)}{37-a(37)} + \frac{a(39)}{39-a(39)} + \frac{a(41)}{41-a(41)} + \cdots\cdots$$
$$= 1 + \frac{1}{2} - \frac{1}{6} + \frac{1}{6} + \frac{1}{10} - \frac{1}{14} - \frac{1}{16} - \frac{1}{18} + \frac{1}{18}$$
$$+ \frac{1}{20} + \frac{1}{22} - \frac{1}{30} + \frac{1}{30} + \frac{1}{32} - \frac{1}{36} - \frac{1}{38} - \frac{1}{40} - \frac{1}{42} + \cdots\cdots$$

である．

n	3	5	7	11	13	15	17	19	21
$a(n)$	1	-1	1	1	-1	-1	-1	1	1

23	29	31	33	35	37	39	41	43
1	-1	1	1	-1	-1	-1	-1	1

証明には，定理 1 の解説と同じ方法を使う．まず，$s>1$ に対して

$$\sum_{\substack{k:\text{非巾}\\\text{奇数}}} \frac{a(k)}{k^s - a(k)} = \sum_{\substack{k:\text{非巾}\\\text{奇数}}} \sum_{\ell=1}^{\infty} \frac{a(k)^\ell}{k^{\ell s}}$$

$$= \sum_{\substack{n>1\\\text{奇数}}} \frac{a(n)}{n^s}$$

$$= \zeta_a(s) - 1$$

となるので，$s \to 1$ とすることにより

$$\sum_{\substack{k:\text{非巾}\\\text{奇数}}} \frac{a(k)}{k - a(k)} = \zeta_a(1) - 1$$

$$= \frac{\pi}{2} - 1$$

となって定理 16 が得られる．

定理 17 の解説

$s>1$ に対して，

$$L(s) = \prod_{p:\text{奇素数}} (1 - \chi(p)p^{-s})^{-1} = \sum_{n:\text{奇数}} \frac{\chi(n)}{n^s}$$

と

$$\zeta_a(s) = \prod_{p:\text{奇素数}} (1 - a(p)p^{-s})^{-1} = \sum_{n:\text{奇数}} \frac{a(n)}{n^s}$$

を足して 2 で割ると

$$\frac{L(s) + \zeta_a(s)}{2} = \sum_{n:\text{奇数}} \frac{\chi(n) + a(n)}{2} \cdot \frac{1}{n^s}$$

となる．ここで，$n = p_1 \cdots p_\ell$ （$p_1, \cdots, p_\ell$ は素数）とする

と

$$
\begin{cases}
\chi(n) = \chi(p_1) \cdots \chi(p_\ell) \\
a(n) = a(p_1) \cdots a(p_\ell) = (-1)^\ell \chi(p_1) \cdots \chi(p_\ell)
\end{cases}
$$

であるから

$$
\frac{\chi(n) + a(n)}{2} = \begin{cases}
(-1)^{\frac{n-1}{2}} = \chi(n) = a(n) & \cdots \ \ell \text{ は偶数,} \\
0 & \cdots \ \ell \text{ は奇数}
\end{cases}
$$

となる．よって

$$
\frac{L(s) + \zeta_a(s)}{2} = \sum_{\substack{n : \text{奇数} \\ \text{偶数個の素数の積}}} \frac{(-1)^{\frac{n-1}{2}}}{n^s}
$$

となる．ここで，$s \to 1$ とすることにより（タウベル型定理を経由して）

$$
\sum_{\substack{n : \text{奇数} \\ \text{偶数個の素数の積}}} \frac{(-1)^{\frac{n-1}{2}}}{n} = \frac{L(1) + \zeta_a(1)}{2}
$$

$$
= \frac{\frac{\pi}{4} + \frac{\pi}{2}}{2} = \frac{3\pi}{8}
$$

を得る．

定理 17 の系は，$s > 1$ のときに

$$
\frac{\zeta_a(s) - L(s)}{2} = \sum_{n : \text{奇数}} \frac{a(n) - \chi(n)}{2} \cdot \frac{1}{n^s}
$$

$$
= \sum_{\substack{n : \text{奇数} \\ \text{奇数個の素数の積}}} \frac{a(n)}{n^s}
$$

であるから，$s \to 1$ として（タウベル型定理を経由して）

$$
\frac{\zeta_a(1) - L(1)}{2} = \sum_{\substack{n : \text{奇数} \\ \text{奇数個の素数の積}}} \frac{a(n)}{n}
$$

を得る．よって

$$
\frac{\pi}{8} = \sum_{\substack{n : \text{奇数} \\ \text{奇数個の素数の積}}} \frac{a(n)}{n}
$$

となる．

第 4 章 オイラー積の応用

具体的に書いてみると，

$$右辺 = \frac{a(3)}{3} + \frac{a(5)}{5} + \frac{a(7)}{7} + \frac{a(11)}{11} + \frac{a(13)}{13}$$

$$+ \frac{a(17)}{17} + \frac{a(19)}{19} + \frac{a(23)}{23} + \frac{a(27)}{27} + \frac{a(29)}{29} +$$

$$\frac{a(31)}{31} + \frac{a(37)}{37} + \frac{a(41)}{41} + \frac{a(43)}{43} + \frac{a(45)}{45} + \cdots$$

$$= \frac{1}{3} - \frac{1}{5} + \frac{1}{7} + \frac{1}{11} - \frac{1}{13} - \frac{1}{17} + \frac{1}{19} + \frac{1}{23}$$

$$+ \frac{1}{27} - \frac{1}{29} + \frac{1}{31} - \frac{1}{37} - \frac{1}{41} + \frac{1}{43} - \frac{1}{45} + \cdots$$

となる．

n	3	5	7	11	13	17	19	23	27
$a(n)$	1	-1	1	1	-1	-1	1	1	1

29	31	37	41	43	45
-1	1	-1	-1	1	-1

■■■ **定理 18 の解説** ■■■■■■■■■■■

素数 p に対して $b(p) = -1$ とし，自然数 n については
完全乗法的に $b(n)$ を定義する．つまり

$n = p_1 \cdots p_\ell$ ($p_1, \cdots, p_\ell$ は素数で，同じものがあってもよい)
に対して

$$b(n) = b(p_1) \cdots b(p_\ell) = (-1)^\ell$$

と定める．このとき，$s > 1$ （あるいは，$\mathrm{Re}(s) > 1$）に対
して

$$\zeta_b(s) = \sum_{n=1}^{\infty} \frac{b(n)}{n^s}$$

はオイラー積分解ができる：

$$\zeta_b(s) = \sum_{p:\text{素数}} (1 - b(p)p^{-s})^{-1}$$
$$= \prod_{p:\text{素数}} (1 + p^{-s})^{-1}.$$

こうしておくと，定理 18 のオイラーの主張は

$$\sum_{n=1}^{\infty} \frac{b(n)}{n} = 0$$

ということである．具体的に書いてみると

n	1	2	3	4	5	6	7	8	9
$b(n)$	1	-1	-1	1	-1	1	-1	-1	1

10	11	12	13	14	15	16	17	18	19	20
1	-1	-1	-1	1	1	1	-1	-1	-1	-1

より

$$1 - \frac{1}{2} - \frac{1}{3} + \frac{1}{4} - \frac{1}{5} + \frac{1}{6} - \frac{1}{7} - \frac{1}{8} + \frac{1}{9}$$
$$+ \frac{1}{10} - \frac{1}{11} - \frac{1}{12} - \frac{1}{13} + \frac{1}{14} + \frac{1}{15}$$
$$+ \frac{1}{16} - \frac{1}{17} - \frac{1}{18} - \frac{1}{19} - \cdots = 0$$

となる．

さて，$\zeta_b(s)$ を求めると，$s > 1 (\mathrm{Re}(s) > 1)$ に対して

$$\sum_{n=1}^{\infty} \frac{b(n)}{n^s} = \zeta_b(s) = \prod_{p:\text{素数}} \frac{1 - p^{-s}}{1 - p^{-2s}} = \frac{\zeta(2s)}{\zeta(s)}$$

となる．ここで $s \to 1$ とすることによって，$\zeta(1) = \infty$ （オレーム，1350 年頃）よりタウベル型定理を経由して

$$\sum_{n=1}^{\infty} \frac{b(n)}{n} = 0$$

がわかる．タウベル型定理の議論については

黒川信重『リーマンと数論』共立出版，2016 年

の第7章を読まれたい.

定理 18 の系 1 は文学的な表現である. 系 2 のためには

$$\zeta_b^{\text{奇}}(s) = \sum_{n:\text{奇数}} \frac{b(n)}{n^s}$$

を考える. すると, 系 2 の内容は

$$\sum_{n:\text{奇数}} \frac{b(n)}{n} = 0$$

である (タウベル型定理が使えて正しい結果である). 実際,

$$\text{左辺} = \frac{b(1)}{1} + \frac{b(3)}{3} + \frac{b(5)}{5} + \frac{b(7)}{7} + \frac{b(9)}{9}$$

$$+ \frac{b(11)}{11} + \frac{b(13)}{13} + \frac{b(15)}{15} + \frac{b(17)}{17} + \cdots$$

$$= 1 - \frac{1}{3} - \frac{1}{5} - \frac{1}{7} + \frac{1}{9} - \frac{1}{11} - \frac{1}{13} + \frac{1}{15} - \frac{1}{17} - \cdots$$

である. $\zeta_b^{\text{奇}}(s)$ と $\zeta_b(s)$ の関係はオイラー積分解

$$\zeta_b^{\text{奇}}(s) = \prod_{p:\text{奇素数}} (1 + p^{-s})^{-1}$$

$$\zeta_b(s) = \prod_{p:\text{素数}} (1 + p^{-s})^{-1}$$

を比較することにより

$$\zeta_b^{\text{奇}}(s) = (1 + 2^{-s}) \zeta_b(s)$$

となる. これより

$$\zeta_b^{\text{奇}}(1) = \frac{3}{2} \zeta_b(1)$$

となる. オイラーが系 2 のところで「$x = 0$ より $\frac{3}{2} x = 0$」と言っているのは

$$x = \zeta_b(1) = 0$$

から

67

$$\zeta_b^{奇}(1) = \frac{3}{2}x = 0$$

が導かれることを指しているのである. 念のために書いておくと

$$\zeta_b^{奇}(s) = (1 + 2^{-s})\frac{\zeta(2s)}{\zeta(s)}$$

である.

また, オイラーが定理 18 の証明において

$$\prod_{p:素数} \frac{p}{p-1} = \infty$$

から

$$\prod_{p:素数} \frac{p+1}{p} = \infty$$

が出ると言っているのは

$$\left(\prod_{p:素数} \frac{p+1}{p}\right) \Big/ \left(\prod_{p:素数} \frac{p}{p-1}\right) = \prod_p \frac{p^2-1}{p^2} = \frac{6}{\pi^2}$$

を用いればよい.

▰▰▰ 定理 19 の解説 ▰▰▰

オイラーの定式化と証明は, やや形式的なものであるので, ここでは, 素数の逆数和が無限大であるという結果に重点を置いて解説しよう.

素数が無限個存在することは, 第 1 章で述べた通り, 2500 年前頃のピタゴラス学派以来, 知られていた. それから 2000 年以上経って, オイラーの 1737 年論文において素数の逆数和

$$\sum_{p:素数} \frac{1}{p} = \frac{1}{2} + \frac{1}{3} + \frac{1}{5} + \frac{1}{7} + \frac{1}{11} + \frac{1}{13} + \frac{1}{17} + \cdots$$

は無限大であることが証明されたことは画期的なことであった. もちろん, 素数の逆数和が無限大ということから素数が無

限個存在することは，すぐ従うことである．実際，素数が有限
個しかなかったとすると，素数の逆数和は当然，有限となる．

ところで，

$$\sum_{\substack{p\,:\,知られて\\いる素数}} \frac{1}{p}$$

はどのくらいになるのだろうか？　今のところ，素数判定が具
体的になされているところまでの連続する素数の逆数和とする
と

$$\frac{1}{2}+\frac{1}{3}+\frac{1}{5}+\frac{1}{7}+\cdots+\frac{1}{18012412300566600523}$$

$$= 4.00000000000000000021\cdots\cdots$$

程度であり，とても無限大には遠い．これが，現代の計算機の
状況と言える．増大度に関しては，オイラーが定理 19 で言っ
ていることが

$$\sum_{\substack{p\leq N\\素数}} \frac{1}{p} \sim \log\log N \quad (N\to\infty)$$

つまり

$$\lim_{N\to\infty} \frac{\displaystyle\sum_{\substack{p\leq N\\素数}} \frac{1}{p}}{\log\log N} = 1$$

という意味で正しいことが証明されている．

言うまでもないことであるが，オイラーの「素数の逆数和は
無限大」という結果は，素数を小さい方から求めて逆数を足し
合わせるという数値計算（それは，現在でも 4 くらいである）
によって予測したものでは，もちろん，ない．それが出来たの
はゼータ関数の力であり，とくに，オイラー積分解のおかげで
ある．

素数の逆数和が無限大であることの証明を，オイラーの証明
を少し変形して見ておこう．そのために，$s>1$ に対して等式

（☆） $$\log \zeta(s) = \sum_{m=1}^{\infty} \frac{1}{m} \Big(\sum_{p:\text{素数}} p^{-ms} \Big)$$

を用いる．これは，オイラーの証明では，$s=1$ 版として

$$\log\Big(1+\frac{1}{2}+\frac{1}{3}+\cdots\Big) = A+\frac{1}{2}B+\frac{1}{3}C+\cdots$$

となるところに当たる．ここで，

$$A = \sum_{p:\text{素数}} p^{-1},\ B = \sum_{p:\text{素数}} p^{-2},\ C = \sum_{p:\text{素数}} p^{-3},\ \cdots.$$

この（☆）は

$$\zeta(s) = \exp\Big(\sum_{p,m} \frac{1}{m} p^{-ms}\Big)$$

と書いても同じことである．むしろ，オイラーは，こちらを使って

$$1+\frac{1}{2}+\frac{1}{3}+\cdots = e^{A+\frac{1}{2}B+\frac{1}{3}C+\cdots}$$

と書いている．

　さて，（☆）を証明しよう．それには，オイラー積分解

$$\zeta(s) = \prod_{p:\text{素数}} (1-p^{-s})^{-1}$$

の対数を取ればよい：

$$\begin{aligned}
\log \zeta(s) &= \log\Big(\prod_{p:\text{素数}} (1-p^{-s})^{-1} \Big) \\
&= \sum_{p:\text{素数}} \log\Big(\frac{1}{1-p^{-s}} \Big) \\
&= \sum_{p:\text{素数}} \sum_{m=1}^{\infty} \frac{1}{m} p^{-ms}.
\end{aligned}$$

ここで，$0<x<1$ に対して，公式

$$\log\Big(\frac{1}{1-x}\Big) = \sum_{m=1}^{\infty} \frac{1}{m} x^m$$

を用いた．これで（☆）が証明された．

　簡単のために

$$P(s) = \sum_{p : \text{素数}} p^{-s}$$

とおこう．すると，(☆) は

$$\log \zeta(s) = \sum_{m=1}^{\infty} \frac{1}{m} P(ms)$$

と書けるので，

$$P(s) = \log \zeta(s) - \sum_{m=2}^{\infty} \frac{1}{m} P(ms)$$

となる．そこで，次の2つのことを示す：

(1) $\dfrac{1}{s-1} < \zeta(s) < \dfrac{s}{s-1}$ $(s > 1)$.

(2) $0 < \displaystyle\sum_{m=2}^{\infty} \frac{1}{m} P(ms) < 1$ $(s \geqq 1)$.

[**(1) の証明**]

$$\zeta(s) = 1 + \sum_{n=2}^{\infty} n^{-s} < 1 + \sum_{n=2}^{\infty} \int_{n-1}^{n} x^{-s} dx$$

$$= 1 + \int_{1}^{\infty} x^{-s} dx$$

$$= \frac{s}{s-1},$$

$$\zeta(s) = \sum_{n=1}^{\infty} n^{-s} > \sum_{n=1}^{\infty} \int_{n}^{n+1} x^{-s} dx$$

$$= \int_{1}^{\infty} x^{-s} dx$$

$$= \frac{1}{s-1}.$$

[**(1) の証明終**]

［**(2) の証明**］ $s \geqq 1$ に対して

$$0 < \sum_{m=2}^{\infty} \frac{1}{m} P(ms) \leqq \sum_{m=2}^{\infty} \frac{1}{m} P(m)$$

であるから

$$\sum_{m=2}^{\infty} \frac{1}{m} P(m) < 1$$

を示せばよい．この不等式は次のようにわかる：

$$\sum_{m=2}^{\infty} \frac{1}{m} P(m) = \sum_{p:素数} \sum_{m=2}^{\infty} \frac{1}{m} p^{-m}$$

$$< \sum_{p:素数} \sum_{m=2}^{\infty} p^{-m}$$

$$= \sum_{p:素数} \frac{p^{-2}}{1-p^{-1}}$$

$$= \sum_{p:素数} \frac{1}{p(p-1)} < \sum_{n=2}^{\infty} \frac{1}{n(n-1)}$$

$$= \sum_{n=2}^{\infty} \left(\frac{1}{n-1} - \frac{1}{n} \right)$$

$$= 1. \qquad\qquad ［\textbf{(2) の証明終}］$$

このようにして，$s > 1$ に対して

$$\log \zeta(s) - 1 < P(s) < \log \zeta(s)$$

となることが (2) からわかり，さらに，(1) を使うことによって不等式

$$\log \left(\frac{1}{s-1} \right) - 1 < P(s) < \log \left(\frac{s}{s-1} \right)$$

$$= \log \left(\frac{1}{s-1} \right) + \log s$$

が得られる．したがって，$s \to 1$ として

$$P(1) = \infty, \ \ つまり \ \sum_{p:素数} \frac{1}{p} = \infty$$

第 4 章　オイラー積の応用

が示された．上で示した不等式から

$$\lim_{s \to 1} \frac{P(s)}{\log\left(\dfrac{1}{s-1}\right)} = 1$$

つまり

$$\lim_{s \to 1} \frac{\displaystyle\sum_{p: 素数} \frac{1}{p^s}}{\log\left(\dfrac{1}{s-1}\right)} = 1$$

もわかる．

4.3　練習問題

=== 練習問題 ===

$m = 2, 4, 6, \cdots$ に対して

$$\prod_{p: 素数} \frac{p^m + 1}{p^m - 1}$$

は有理数となることを証明せよ．

［証明］　オイラーの公式（1735 年）

$$\zeta(m) = (-1)^{\frac{m}{2}+1} \frac{B_m (2\pi)^m}{2(m!)}$$

を用いる（証明については，黒川・栗原・斎藤『数論 II』岩波書店）．ここで，B_k はベルヌイ数であり，テイラー展開

$$\frac{t}{e^t - 1} = \sum_{k=0}^{\infty} \frac{B_k}{k!} t^k$$

によって定まる有理数である：

$$B_0 = 1, \ B_1 = -\frac{1}{2}, \ B_2 = \frac{1}{6}, \ B_3 = 0, \ B_4 = -\frac{1}{30},$$

$$B_5 = 0, \ B_6 = \frac{1}{42}, \ B_7 = 0, \ B_8 = -\frac{1}{30}, \ B_9 = 0,$$

$$B_{10} = \frac{5}{66}, \ B_{11} = 0, \ B_{12} = -\frac{691}{2730}, \ \cdots.$$

すると

$$
\begin{aligned}
\prod_{p:\text{素数}} \frac{p^m+1}{p^m-1} &= \prod_{p:\text{素数}} \frac{p^{2m}-1}{(p^m-1)^2} \\
&= \prod_{p:\text{素数}} \frac{1-p^{-2m}}{(1-p^{-m})^2} \\
&= \frac{\zeta(m)^2}{\zeta(2m)} \\
&= \frac{\left((-1)^{\frac{m}{2}+1}\dfrac{B_m(2\pi)^m}{2(m!)}\right)^2}{-\dfrac{B_{2m}(2\pi)^{2m}}{2((2m)!)}} \\
&= -\frac{1}{2}\cdot\frac{B_m^2}{B_{2m}}\cdot\frac{(2m)!}{(m!)^2} \\
&= -\frac{1}{2}\cdot\frac{B_m^2}{B_{2m}}\binom{2m}{m}
\end{aligned}
$$

となり，有理数とわかる． 　　　　　　　　　　　　　　　　［証明終］

例

$$\prod_{p:\text{素数}} \frac{p^2+1}{p^2-1} = \frac{5}{2} \quad (\text{オイラー定理 9 の証明}),$$

$$\prod_{p:\text{素数}} \frac{p^4+1}{p^4-1} = \frac{7}{6},$$

$$\prod_{p:\text{素数}} \frac{p^6+1}{p^6-1} = \frac{715}{691}.$$

第5章	オイラー定数

　オイラーはオイラー定数について，若い時から老人になるまで考え続けていた．そのことは，いくつもの論文にオイラー定数の研究が記録されているのでわかる．しかも，ゼータ関数と深く結びついて研究されているのである．ここでは，初期と後期の論文を見たい．

5.1　オイラー論文

　本章で取り上げるのは 2 つの論文である：

[論文 1] "De progressionibus harmonicis observationes" [調和数列について]
　Commentarii Acad. Scient. Petropolitanae **7**（1740）150 – 161（E43, 1734 年 3 月 11 日付，全集 I – 14, 87 – 100）．

[論文 2] "Evolutio formulae integralis $\int \partial x \left(\dfrac{1}{1-x} + \dfrac{1}{\ell x} \right)$ a termino $x=0$ usque ad $x=1$ extensae" [$x=0$ から $x=1$ までの積分 $\int \partial x \left(\dfrac{1}{1-x} + \dfrac{1}{\ell x} \right)$ の展開] Nova Acta Acad. Scient. Imp. Petropolitanae **4**（1789），3 – 16（E629, 1776 年 2 月 29 日付，全集 I – 18, 318 – 334）．

論文1からの抜き書き

$$1 = \ell 2 + \frac{1}{2} - \frac{1}{3} + \frac{1}{4} - \frac{1}{5} + \frac{1}{6} - \frac{1}{7} + \text{etc.},$$

$$\frac{1}{2} = \ell \frac{3}{2} + \frac{1}{2 \cdot 4} - \frac{1}{3 \cdot 8} + \frac{1}{4 \cdot 16} - \frac{1}{5 \cdot 32} + \text{etc.},$$

$$\frac{1}{3} = \ell \frac{4}{3} + \frac{1}{2 \cdot 9} - \frac{1}{3 \cdot 27} + \frac{1}{4 \cdot 81} - \frac{1}{5 \cdot 243} + \text{etc.},$$

$$\frac{1}{4} = \ell \frac{5}{4} + \frac{1}{2 \cdot 16} - \frac{1}{3 \cdot 64} + \frac{1}{4 \cdot 256} - \frac{1}{5 \cdot 1024} + \text{etc.},$$

$$\vdots$$

$$\frac{1}{i} = \ell \frac{i+1}{i} + \frac{1}{2 \cdot i^2} - \frac{1}{3 \cdot i^3} + \frac{1}{4 \cdot i^4} - \frac{1}{5 \cdot i^5} + \text{etc.}$$

となることから（ただし，ℓ は自然対数 $\log$，i は無限大数），
次を得る：

$$1 + \frac{1}{2} + \frac{1}{3} + \cdots + \frac{1}{i}$$

$$= \ell(i+1) + \frac{1}{2}\left(1 + \frac{1}{4} + \frac{1}{9} + \frac{1}{16} + \text{etc.}\right)$$

$$- \frac{1}{3}\left(1 + \frac{1}{8} + \frac{1}{27} + \frac{1}{64} + \text{etc.}\right)$$

$$+ \frac{1}{4}\left(1 + \frac{1}{16} + \frac{1}{81} + \frac{1}{256} + \text{etc.}\right)$$

$$\text{etc.}$$

よって

$$1 + \frac{1}{2} + \frac{1}{3} + \cdots + \frac{1}{i} = \ell(i+1) + 0.577218.$$

［この定数をオイラーは C と書いている．］

第5章 オイラー定数

オイラーは論文の最後で

問題

$$1 - \frac{1}{2} + \frac{1}{3} + \frac{1}{4} - \frac{2}{5} + \frac{1}{6} + \frac{1}{7} + \frac{1}{8}$$

$$- \frac{3}{9} + \frac{1}{10} + \frac{1}{11} + \frac{1}{12} + \frac{1}{13} - \frac{4}{14} + \text{etc.}$$

を求めよ．

を考えている．答えとしては

$$-C + \frac{22}{9} - \ell 2 = 1.174078$$

を得ている．

論文 2 からの抜き書き

この論文では，オイラーが 1776 年 2 月 22 日付の論文 E583 で得た公式

$$\gamma = \int_0^1 \left(\frac{1}{1-x} + \frac{1}{\log x} \right) dx$$

を何通りかに展開している．ここで，

$$\gamma = \lim_{n \to \infty} \left(1 + \frac{1}{2} + \cdots + \frac{1}{n} - \log n \right) = 0.577\cdots$$

はオイラー定数［論文 1］．ここでは

$$y = \frac{1}{1-x} + \frac{1}{\log x}$$

とおき

$$\gamma = \int_0^1 y \, dx$$

を展開する．オイラーは γ を用いずに，単に $\int y \, dx$ と書くのである．ただし，$\log x$ と dx は常に ℓx と ∂x になっていることに注意．

77

§ 9
$$y = \frac{\ell x + 1 - x}{(1-x)\ell x}$$

において $x = e^{\ell x}$ を用いて

$$x = 1 + \ell x + \frac{1}{2}(\ell x)^2 + \frac{1}{6}(\ell x)^3 + \frac{1}{24}(\ell x)^4 + \text{etc.}$$

を使うと，$u = \ell x$ とおくことによって

$$y = \frac{-\frac{1}{2}uu - \frac{1}{6}u^3 - \frac{1}{24}u^4 - \frac{1}{120}u^5 - \text{etc.}}{u(1-x)}$$

から

$$y = \frac{-\frac{1}{2}u - \frac{1}{6}uu - \frac{1}{24}u^3 - \frac{1}{120}u^4 - \text{etc.}}{1-x}$$

となるので

$$\int u \partial x = -\frac{1}{2}\int \frac{\partial x \ell x}{1-x} - \frac{1}{6}\int \frac{\partial x (\ell x)^2}{1-x}$$
$$- \frac{1}{24}\int \frac{\partial x (\ell x)^3}{1-x} - \frac{1}{120}\int \frac{\partial x (\ell x)^4}{1-x} - \text{etc.}$$

を得る.

§ 10

$x = 0$ から $x = 1$ までの積分によって

$$\int \partial x (\ell x)^n = \pm 1 \cdot 2 \cdot 3 \cdot 4 \cdot 5 \cdots n$$

となる．ここで，＋は n が偶数のとき，－は n が奇数のとき
である．

さらに，

$$\int x^{n-1} \partial x (\ell x)^\lambda = \pm \frac{1 \cdot 2 \cdot 3 \cdot 4 \cdot 5 \cdots \lambda}{n^{\lambda+1}}$$

となる．ここで，＋は λ が偶数のとき，－は λ が奇数のとき

である．したがって，$\dfrac{1}{1-x}$ を級数

$$1 + x + xx + x^3 + x^4 + x^5 + \text{etc.}$$

でおきかえると，次を得る：

78

$$\int \frac{\partial x\, \ell x}{1-x} = -1\Big(1+\frac{1}{2^2}+\frac{1}{3^2}+\frac{1}{4^2}+\frac{1}{5^2}+\frac{1}{6^2}+\text{etc.}\Big),$$

$$\int \frac{\partial x\, (\ell x)^2}{1-x} = 1\cdot 2\Big(1+\frac{1}{2^3}+\frac{1}{3^3}+\frac{1}{4^3}+\frac{1}{5^3}+\frac{1}{6^3}+\text{etc.}\Big),$$

$$\int \frac{\partial x\, (\ell x)^3}{1-x} = -1\cdot 2\cdot 3\Big(1+\frac{1}{2^4}+\frac{1}{3^4}+\frac{1}{4^4}+\frac{1}{5^4}+\frac{1}{6^4}+\text{etc.}\Big),$$

$$\int \frac{\partial x\, (\ell x)^4}{1-x} = 1\cdot 2\cdot 3\cdot 4\Big(1+\frac{1}{2^5}+\frac{1}{3^5}+\frac{1}{4^5}+\frac{1}{5^5}+\frac{1}{6^5}+\text{etc.}\Big)$$

etc.

したがって

$$\int y\, \partial x = \frac{1}{2}\left(1+\frac{1}{2^2}+\frac{1}{3^2}+\frac{1}{4^2}+\frac{1}{5^2}+\text{etc.}\right)$$
$$-\frac{1}{3}\left(1+\frac{1}{2^3}+\frac{1}{3^3}+\frac{1}{4^3}+\frac{1}{5^3}+\text{etc.}\right)$$
$$+\frac{1}{4}\left(1+\frac{1}{2^4}+\frac{1}{3^4}+\frac{1}{4^4}+\frac{1}{5^4}+\text{etc.}\right)$$
$$-\frac{1}{5}\left(1+\frac{1}{2^5}+\frac{1}{3^5}+\frac{1}{4^5}+\frac{1}{5^5}+\text{etc.}\right)$$
$$+\text{etc.}$$

となり，値が 0.5772156649015325 となることが示される．

5.2 オイラー論文の解説

論文1はオイラーが26歳のときのものである．オイラー定数

$$\gamma = \lim_{N\to\infty}\left(1+\frac{1}{2}+\cdots+\frac{1}{N}-\log N\right)$$

の表示

$$\gamma = \sum_{n=2}^{\infty}\frac{(-1)^n}{n}\zeta(n)$$

を出している．ただし，

$$\zeta(s) = \sum_{m=1}^{\infty} \frac{1}{m^s}$$

である.

その証明はオイラーの書いている通り, $m = 1, 2, \cdots, M$ に対する対数の展開

$$\log \frac{m+1}{m} = \sum_{n=1}^{\infty} \frac{(-1)^{n-1}}{n} \cdot \frac{1}{m^n}$$

を足すと

$$\log(M+1) = \sum_{n=1}^{\infty} \frac{(-1)^{n-1}}{n} \left(\sum_{m=1}^{M} \frac{1}{m^n} \right)$$

$$= 1 + \cdots + \frac{1}{M} + \sum_{n=2}^{\infty} \frac{(-1)^{n-1}}{n} \left(\sum_{m=1}^{M} \frac{1}{m^n} \right)$$

となることから

$$1 + \cdots + \frac{1}{M} - \log(M+1) = \sum_{n=2}^{\infty} \frac{(-1)^n}{n} \left(\sum_{m=1}^{M} \frac{1}{m^n} \right)$$

を得て, $M \to \infty$ とすると

$$\gamma = \sum_{n=2}^{\infty} \frac{(-1)^n}{n} \zeta(n)$$

がわかる. ただし, $\lim_{M \to \infty} (\log(M+1) - \log M) = 0$を使っている.

さて, 論文 1 の最後の問題 (§18) の答えは

$$\lim_{N \to \infty} \left(\sum_{n=1}^{N(N+3)/2} \frac{1}{n} - \sum_{n=1}^{N} \frac{n+1}{n(n+3)/2} \right) = -\gamma - \log 2 + \frac{22}{9}$$

を意味している. 解答するには, 左辺の中が

$$\sum_{n=1}^{N(N+3)/2} \frac{1}{n} = \log\left(\frac{N(N+3)}{2} \right) + \gamma + O\left(\frac{1}{N} \right),$$

$$\sum_{n=1}^{N} \frac{n+1}{n(n+3)/2} = \frac{2}{3} \sum_{n=1}^{N} \left(\frac{1}{n} + \frac{2}{n+3} \right)$$

$$= 2 \log N + 2\gamma - \frac{22}{9} + O\left(\frac{1}{N} \right)$$

となることが

$$\sum_{n=1}^{N}\frac{1}{n}=\log N+\gamma+O\Big(\frac{1}{N}\Big)$$

からわかるので，$N\to\infty$ とすることによってオイラーの結果を得る．

　論文2では，オイラーが一週間前に得ていた公式

$$\gamma=\int_0^1\Big(\frac{1}{1-x}+\frac{1}{\log x}\Big)dx$$

を展開することから，オイラー定数 γ のさまざまな表示を導き出している．§9 – §10 の議論は次の通りまとめることができる：

$$
\begin{aligned}
\int_0^1\Big(\frac{1}{1-x}+\frac{1}{\log x}\Big)dx &= \int_0^1\frac{\log x+1-x}{(1-x)\log x}dx \\
&= \int_0^1\frac{\log x+1-\exp(\log x)}{(1-x)\log x}dx \\
&= \int_0^1\frac{-\displaystyle\sum_{n=2}^{\infty}\frac{1}{n!}(\log x)^n}{(1-x)\log x}dx \\
&= \int_0^1\frac{-\displaystyle\sum_{n=2}^{\infty}\frac{1}{n!}(\log x)^{n-1}}{1-x}dx \\
&= -\sum_{n=2}^{\infty}\frac{1}{n!}\int_0^1\frac{(\log x)^{n-1}}{1-x}dx \\
&= \sum_{n=2}^{\infty}\frac{(-1)^n}{n}\zeta(n).
\end{aligned}
$$

この最後の表示が γ に他ならないことは第1の論文で見た通りであり，したがって，

$$\gamma=\int_0^1\Big(\frac{1}{1-x}+\frac{1}{\log x}\Big)dx$$

という積分表示のわかりやすい証明も与えている．

ところで，第2の論文で注目されることは，上記の変形に表れている通り，$n = 2, 3, 4, \cdots$ に対して

$$\int_0^1 \frac{(\log x)^{n-1}}{1-x} dx = (-1)^{n-1} \cdot (n-1)! \, \zeta(n)$$

という積分表示を示していることである．つまり，

$$\zeta(n) = \frac{1}{\Gamma(n)} \int_0^1 \frac{(\log \frac{1}{x})^{n-1}}{1-x} dx$$

である．ここで，n を s と書き換えて，$x = e^{-t}$ とすると

$$\zeta(s) = \frac{1}{\Gamma(s)} \int_0^1 \frac{(\log \frac{1}{x})^{s-1}}{1-x} dx$$

$$= \frac{1}{\Gamma(s)} \int_0^\infty \frac{t^{s-1}}{e^t-1} dt$$

というリーマンが 1859 年に用いることになる積分表示（リーマンはオイラーがその積分表示を得ていたことに言及していない）なのである．

　オイラーは，この積分表示についても何の大騒ぎもせずにスーッと書いている．オイラーにとっては，一世紀先を予見することなど簡単なことなのだろう．第1章の 1.2（D）で触れた通り $\zeta(s)$ の積分表示はオイラーが 1768 年に得ていたものである．驚くことには，第2の論文では二世紀半の未来を見通しているのであるが，これは次章の楽しみとしよう．

　オイラー定数 γ に関する基本事項を2つ補足しておこう：

（A）存在証明，　　（B）極限公式．

第 5 章 オイラー定数

> **定理 A**
>
> $n = 1, 2, 3, \cdots$ に対して
> $$a(n) = 1 + \cdots + \frac{1}{n} - \log n$$
> とおく．このとき，次が成立する．
> (1) $0 < a(n) \leqq 1$.
> (2) $\{a(n) \mid n = 1, 2, 3, \cdots\}$ は（狭義）単調減少．
> (3) $\lim_{r \to \infty} a(n) = \gamma$ が存在する．

証明

(1) ・ $\underline{a(n) > 0 \text{ の証}}$

$$1 + \frac{1}{2} + \cdots + \frac{1}{n} > \int_1^{n+1} \frac{1}{x} dx = \log(n+1) > \log n.$$

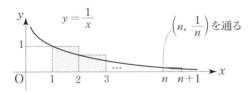

・ $\underline{a(n) \leqq 1 \text{ の証}}$

$$1 + \frac{1}{2} + \cdots + \frac{1}{n} \leqq 1 + \int_1^n \frac{1}{x} dx = 1 + \log n.$$

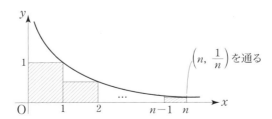

(2) $\quad a(n+1) = 1 + \cdots + \dfrac{1}{n+1} - \log(n+1)$

$$= a(n) + \frac{1}{n+1} + \log n - \log(n+1)$$

$$= a(n) + \frac{1}{n+1} - \log\left(1 + \frac{1}{n}\right)$$

$$= a(n) - \int_n^{n+1}\left(\frac{1}{x} - \frac{1}{n+1}\right)dx$$

$$< a(n).$$

(3) (1) (2) より $\{a(n) \mid n = 1, 2, 3, \cdots\}$ は下に有界な単調減少数列なので，$\lim\limits_{n \to \infty} a(n)$ が存在する． **(証明終)**

次の数列を用いても全く同様である．

定理 A'

$n = 1, 2, 3, \cdots$ に対して

$$b(n) = 1 + \cdots + \frac{1}{n} - \log(n+1)$$

とおく．このとき，次が成立する．

(1) $\quad 0 < b(n) < 1$.

(2) $\quad \{b(n) \mid n = 1, 2, 3, \cdots\}$ は（狭義）単調増加．

(3) $\quad \lim\limits_{n \to \infty} b(n) = \gamma$ が存在する．

証明

(1) ・$b(n) > 0$ は定理 A の証明でできている．

　　・$b(n) < 1$ は $b(n) < a(n)$ よりわかる．

(2) $\quad b(n+1) = b(n) + \dfrac{1}{n+1} - \log\left(1 + \dfrac{1}{n+1}\right)$

第 5 章　オイラー定数

$$= b(n) + \int_{n+1}^{n+2} \left(\frac{1}{n+1} - \frac{1}{x} \right) dx$$

$$> b(n).$$

(3)　$\{ b(n) \mid n = 1, 2, 3, \cdots \}$ は上に有界な単調増加数列なので，$\lim_{n \to \infty} b(n)$ が存在する．［さらに，

$$a(n) - b(n) = \log \left(1 + \frac{1}{n} \right)$$

なので

$$\lim_{n \to \infty} a(n) = \lim_{n \to \infty} b(n)$$

である．］　　　　　　　　　　　　　　　　　　　　　（証明終）

定理 B　（極限公式）

$$\gamma = \lim_{\substack{s \to 1 \\ (s>1)}} \left(\zeta(s) - \frac{1}{s-1} \right).$$

証明　　$s > 1$ とすると $N \geqq 1$ に対して

$$\int_1^N \left(\frac{1}{[x]^s} - \frac{1}{x^s} \right) dx = \sum_{n=1}^{N-1} \frac{1}{n^s} - \frac{1}{s-1} + \frac{N^{1-s}}{s-1}.$$

よって，$N \to \infty$ として

$$\int_1^\infty \left(\frac{1}{[x]^s} - \frac{1}{x^s} \right) dx = \zeta(s) - \frac{1}{s-1}$$

となる．したがって，$s \to 1$ として

$$\lim_{\substack{s \to 1 \\ (s>1)}} \left(\zeta(s) - \frac{1}{s-1} \right) = \int_1^\infty \left(\frac{1}{[x]} - \frac{1}{x} \right) dx$$

となる．ここで，

$$\int_1^N \left(\frac{1}{[x]} - \frac{1}{x} \right) dx = \sum_{n=1}^{N-1} \frac{1}{n} - \log N$$

だから，$N \to \infty$ として

85

$$\int_1^\infty \left(\frac{1}{[x]} - \frac{1}{x}\right) dx = \gamma.$$

よって，

$$\lim_{\substack{s \to 1 \\ (s>1)}} \left(\zeta(s) - \frac{1}{s-1}\right) = \gamma.$$

（証明終）

定理Bは"極限公式"のはじまりであり，一般のゼータ関数に対して考察することができる．「クロネッカーの極限公式」や「レルヒの極限公式」が有名である：詳しくは

黒川信重・栗原将人・斎藤毅『数論II』岩波書店

の第9章を読まれたい．一般に，ゼータ関数 $Z(s)$ が $s=\alpha$ において1位の極をもち

$$Z(s) = \frac{R(\alpha)}{s-\alpha} + \gamma(\alpha) + O(s-\alpha)$$

となっているとき（ローラン展開），$s=\alpha$ における極限公式とは

$$\lim_{s \to \alpha} \left(Z(s) - \frac{R(\alpha)}{s-\alpha}\right) = \gamma(\alpha)$$

という公式を指す．ここで，$R(\alpha)$ は留数であり，$\gamma(\alpha)$ を一般化されたオイラー定数と呼ぶ．しばしば正規化されたオイラー定数

$$\gamma^*(\alpha) = \frac{\gamma(\alpha)}{R(\alpha)}$$

が重要となる．このときは，極限公式

$$\gamma^*(\alpha) = \lim_{s \to \alpha} \left(\frac{Z'(s)}{Z(s)} + \frac{1}{s-\alpha}\right)$$

が成立する．実際，

$$Z(s) = \frac{R(\alpha)}{s-\alpha} + \gamma(\alpha) + O(s-\alpha)$$

$$= \frac{R(\alpha)}{s-\alpha}(1 + \gamma^*(\alpha)(s-\alpha) + O((s-\alpha)^2))$$

より対数微分して

$$\frac{Z'(s)}{Z(s)} = -\frac{1}{s-\alpha} + \gamma^*(\alpha) + O(s-\alpha)$$

となるので

$$\gamma^*(\alpha) = \lim_{s \to \alpha} \left(\frac{Z'(s)}{Z(s)} + \frac{1}{s-\alpha} \right)$$

が得られる.

5.3 練習問題

射影空間 $\mathbb{P}^n$ の絶対ゼータ関数は

$$\zeta_{\mathbb{P}^n/\mathbb{F}_1}(s) = \prod_{k=0}^{n} (s-k)^{-1}$$

であり, 代数的トーラス $\mathbb{G}_m^n = GL(1)^n$ の絶対ゼータ関数は

$$\zeta_{\mathbb{G}_m^n/\mathbb{F}_1}(s) = \prod_{k=0}^{n} (s-k)^{(-1)^{n-k+1}\binom{n}{k}}$$

である. 絶対ゼータ関数の計算については

黒川信重『絶対ゼータ関数論』岩波書店, 2016 年 1 月,

黒川信重『絶対数学原論』現代数学社, 2016 年 8 月,

黒川信重『リーマンと数論』共立出版, 2016 年 12 月

を見られたい.

このとき, 正規化されたオイラー定数を

$$\gamma^*(\mathbb{P}^n/\mathbb{F}_1) = \lim_{s \to n} \left(\frac{\zeta'_{\mathbb{P}^n/\mathbb{F}_1}(s)}{\zeta_{\mathbb{P}^n/\mathbb{F}_1}(s)} + \frac{1}{s-n} \right),$$

$$\gamma^*(\mathbb{G}_m^n/\mathbb{F}_1) = \lim_{s \to n} \left(\frac{\zeta'_{\mathbb{G}_m^n/\mathbb{F}_1}(s)}{\zeta_{\mathbb{G}_m^n/\mathbb{F}_1}(s)} + \frac{1}{s-n} \right)$$

とおく.

── **練習問題** ──

次を証明せよ.

(1) $\gamma^*(\mathbb{P}^n/\mathbb{F}_1) = -H_n$.

(2) $\gamma^*(\mathbb{G}_m^n/\mathbb{F}_1) = H_n$.

ただし, $H_n = \displaystyle\sum_{k=1}^{n} \frac{1}{k}$ は調和数(harmonic number)である.

[**解答**]

(1) 対数微分により

$$\frac{\zeta'_{\mathbb{P}^n/\mathbb{F}_1}(s)}{\zeta_{\mathbb{P}^n/\mathbb{F}_1}(s)} = -\sum_{k=0}^{n} \frac{1}{s-k}$$

となるので,

$$\frac{\zeta'_{\mathbb{P}^n/\mathbb{F}_1}(s)}{\zeta_{\mathbb{P}^n/\mathbb{F}_1}(s)} + \frac{1}{s-n} = -\sum_{k=0}^{n-1} \frac{1}{s-k}$$

である.したがって,

$$\gamma^*(\mathbb{P}^n/\mathbb{F}_1) = \lim_{s \to n} \left(-\sum_{k=0}^{n-1} \frac{1}{s-k} \right)$$

$$= -\sum_{k=0}^{n-1} \frac{1}{n-k}$$

$$= -H_n$$

である.

(2) 対数微分により

$$\frac{\zeta'_{\mathbb{G}_m^n/\mathbb{F}_1}(s)}{\zeta_{\mathbb{G}_m^n/\mathbb{F}_1}(s)} = \sum_{k=0}^{n} \frac{(-1)^{n-k+1}\binom{n}{k}}{s-k}$$

となるので,

$$\frac{\zeta'_{\mathbb{G}_m^n/\mathbb{F}_1}(s)}{\zeta_{\mathbb{G}_m^n/\mathbb{F}_1}(s)} + \frac{1}{s-n} = \sum_{k=0}^{n-1} \frac{(-1)^{n-k+1}\binom{n}{k}}{s-k}$$

である．したがって，

$$\gamma^*(\mathbb{G}_m^n/\mathbb{F}_1) = \lim_{s \to n}\left(\sum_{k=0}^{n-1} \frac{(-1)^{n-k+1}\binom{n}{k}}{s-k}\right)$$

$$= \sum_{k=0}^{n-1} \frac{(-1)^{n-k+1}\binom{n}{k}}{n-k}$$

$$= \sum_{k=1}^{n} \frac{(-1)^{k+1}\binom{n}{k}}{k}$$

となる．最後の等式では $n-k$ を k とおきかえて $\binom{n}{n-k} = \binom{n}{k}$

を用いている．

　次に，

$$\sum_{k=1}^{n} \frac{(-1)^{k+1}\binom{n}{k}}{k} = H_n$$

が成立することを示そう．まず，積分表示

$$\sum_{k=1}^{n} \frac{(-1)^{k+1}\binom{n}{k}}{k} = -\int_0^1 \frac{(1-x)^n-1}{x}\,dx$$

に注意する．実際，

$$(1-x)^n = \sum_{k=0}^{n} (-1)^k \binom{n}{k} x^k$$

より

$$\frac{(1-x)^n-1}{x} = \sum_{k=1}^{n} (-1)^k \binom{n}{k} x^{k-1}$$

であるから

$$-\int_0^1 \frac{(1-x)^n-1}{x}\,dx = \sum_{k=1}^n \frac{(-1)^{k+1}\binom{n}{k}}{k}$$

となる．すると，この積分表示において x を $1-x$ におきかえて計算することにより

$$\gamma^*(\mathbb{G}_m^n/\mathbb{F}_1) = -\int_0^1 \frac{x^n-1}{1-x}\,dx$$

$$= \int_0^1 \frac{1-x^n}{1-x}\,dx$$

$$= \int_0^1 (1+x+\cdots+x^{n-1})\,dx$$

$$= 1+\frac{1}{2}+\cdots+\frac{1}{n}$$

$$= H_n$$

となる． [**解答終**]

オイラーは

$$1+\frac{1}{2}+\cdots+\frac{1}{n} = \int_0^1 \frac{1-x^n}{1-x}\,dx = H_n$$

および

$$1+\frac{1}{2}+\frac{1}{3}+\cdots = \int_0^1 \frac{dx}{1-x}$$

を基本的な考察対象としていた．後者は発散する —— $x=1$ の周辺の積分が発散——ので，正規化（発散を解消する；繰り込み）を見ることになる．本章で調べた第2の論文で用いていた $x=1$ における展開

$$x = e^{\log x} = \sum_{n=0}^{\infty} \frac{(\log x)^n}{n!}$$

を使えば

$$\frac{1}{1-x} = \frac{1}{1-e^{\log x}}$$

$$= \frac{1}{-\log x - \frac{1}{2}(\log x)^2 - \frac{1}{6}(\log x)^3 - \cdots}$$

$$= -\frac{1}{\log x} + \frac{1}{2} + O(\log x)$$

となる．この，$-1/\log x$ の項が $x=1$ における積分発散の原因である．発散項 $-1/\log x$ を除去した正規化

$$\int_0^1 \left(\frac{1}{1-x} + \frac{1}{\log x} \right) dx$$

を考えてみると，ちょうど γ になるというのがオイラーの発見であった．

第6章

オイラー定数から
　　絶対ゼータ関数へ

　オイラー定数の論文（1776 年）には二世紀半も未来の絶対ゼータ関数のことも書かれていた．オイラーなら誰にも気付かれずに，そのようなことが簡単にできるのである．この点を見よう．

6.1　オイラー論文

　本章では，オイラーが 68 歳の 1776 年 2 月 29 日——4 月 15 日には 69 歳になるときである——に書いた論文（E629）の残っているところを調べよう．

　この論文の目的はオイラー定数 $\gamma = 0.577\cdots$ の積分表示

$$\gamma = \int_0^1 \left(\frac{1}{1-x} + \frac{1}{\log x} \right) dx$$

をさまざまに展開することである．第 5 章にひき続き

$$y = \frac{1}{1-x} + \frac{1}{\log x}$$

であり，積分は 0 から 1 までである．したがって，オイラー定数は $\int y \partial x$ と書かれている．

§2　$\int y \partial x$ を図形の面積と見ると，それは次図の斜線部

の面積となる．

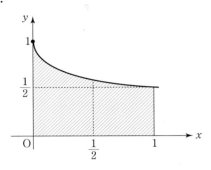

§3 y' は $x=0$ のところでは $-\infty$（y 軸に接する），$x=1$ のところでは $-\dfrac{1}{12}$ である．

§4 $x=\dfrac{1}{2}$ のときは
$$y = 2 - \frac{1}{\ell 2} = 0.557$$
であり $F\left(\dfrac{1}{2}, 2-\dfrac{1}{\ell 2}\right)$ を頂点とする2つの台形の面積を見ると

台形 ACFE $= 0.389$

台形 BDFE $= 0.264$

となるので，$\int y\,\partial x$ の近似値（概数）として 0.653 を得る．

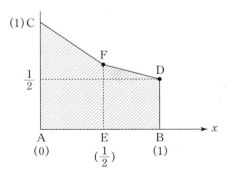

94

§5　$x=1-(1-x)$ を用いることにより

$$\ell x = -(1-x) - \frac{1}{2}(1-x)^2 - \frac{1}{3}(1-x)^3 - \frac{1}{4}(1-x)^4 - \text{etc.}$$

となるので

$$y = \frac{1}{1-x} + \frac{1}{\ell x} = \frac{\ell x + 1 - x}{(1-x)\ell x}$$

において

$$y = \frac{-\frac{1}{2}(1-x)^2 - \frac{1}{3}(1-x)^3 - \frac{1}{4}(1-x)^4 - \text{etc.}}{(1-x)\ell x}$$

より

$$y = \frac{-\frac{1}{2}(1-x) - \frac{1}{3}(1-x)^2 - \frac{1}{4}(1-x)^3 - \text{etc.}}{\ell x}$$

となって

$$\int y \partial x = -\frac{1}{2}\int \frac{(1-x)\partial x}{\ell x} - \frac{1}{3}\int \frac{(1-x)^2 \partial x}{\ell x}$$

$$-\frac{1}{4}\int \frac{(1-x)^3 \partial x}{\ell x} - \text{etc.}$$

を得る．ここで

$$\int \frac{x^m - x^n}{\ell x}\partial x = \ell\,\frac{m+1}{n+1}$$

に注意する［これはオイラー 1774 年 E464 の結果である］と，

$$\int \frac{(1-x)\partial x}{\ell x} = \ell\frac{1}{2}$$

であり

$$(1-x)^2 = 1-x-(x-xx)$$

より

$$\int \frac{(1-x)^2 \partial x}{\ell x} = \ell\frac{1}{2} - \ell\frac{2}{3} = \ell\frac{1\cdot 3}{2^2}$$

である．同様にして

$$\int \frac{(1-x)^3 \partial x}{\ell x} = \ell \frac{1 \cdot 3^3}{2^3 \cdot 4},$$

$$\int \frac{(1-x)^4 \partial x}{\ell x} = \ell \frac{1 \cdot 3^6 \cdot 5}{2^4 \cdot 4^4},$$

$$\int \frac{(1-x)^5 \partial x}{\ell x} = \ell \frac{1 \cdot 3^{10} \cdot 5^5}{2^5 \cdot 4^{10} \cdot 6},$$

$$\int \frac{(1-x)^6 \partial x}{\ell x} = \ell \frac{1 \cdot 3^{15} \cdot 5^{15} \cdot 7}{2^6 \cdot 4^{20} \cdot 6^6}$$

etc.

§6　　したがって，次を得る：

$$\int y \partial x = \frac{1}{2} \ell 2 + \frac{1}{3} \ell \frac{2^2}{1 \cdot 3} + \frac{1}{4} \ell \frac{2^3 \cdot 4}{1 \cdot 3^3}$$

$$+ \frac{1}{5} \ell \frac{2^4 \cdot 4^4}{1 \cdot 3^6 \cdot 5} + \frac{1}{6} \ell \frac{2^5 \cdot 4^{10} \cdot 6}{1 \cdot 3^{10} \cdot 5^5} + \frac{1}{7} \ell \frac{2^6 \cdot 4^{20} \cdot 6^6}{1 \cdot 3^{15} \cdot 5^{15} \cdot 7} + \text{etc.}$$

§7　　$1-x=t$ とおくと

$$\ell x = -t - \frac{1}{2} tt - \frac{1}{3} t^3 - \frac{1}{4} t^4 - \text{etc.}$$

であるから

$$\frac{1}{\ell x} = \frac{-1}{t(1 + \frac{1}{2} t + \frac{1}{3} t^2 + \frac{1}{4} t^3 + \frac{1}{5} t^4 + \text{etc.})}$$

となる．これを展開すると

$$\frac{1}{\ell x} = -\frac{1}{t} + \frac{1}{2} + \frac{1}{12} t + \frac{1}{24} tt + \frac{19}{720} t^3 + \text{etc.}$$

となる．

§8　　よって，

$$\int \partial x (1-x)^n = \frac{1}{n+1}$$

を用いて

$$\int y \partial x = \frac{1}{2} + \frac{1}{24} + \frac{1}{72} + \frac{19}{2880} + \text{etc.}$$

を得る．〔§20 では

$$\int y\partial x = \frac{1}{2} + \frac{1}{24} + \frac{1}{72} + \frac{19}{2880} + \frac{3}{800} + \text{etc.}$$

も示している．〕

〔 **§9** と **§10** は第5章で紹介した通りである．〕

§11　$\ell x = u$ とおくと

$$x = 1 + u + \frac{1}{2}uu + \frac{1}{6}u^3 + \frac{1}{24}u^4 + \frac{1}{120}u^5 + \text{etc.}$$

となるので

$$\frac{1}{1-x} = \frac{-1}{u + \frac{1}{2}uu + \frac{1}{6}u^3 + \frac{1}{24}u^4 + \frac{1}{120}u^5 + \text{etc.}}$$

$$= -\frac{1}{u} \cdot \frac{1}{1 + \frac{1}{2}u + \frac{1}{6}uu + \frac{1}{24}u^3 + \text{etc.}}$$

となる．ここで

$$\frac{1}{1 + \frac{1}{2}u + \frac{1}{6}uu + \frac{1}{24}u^3 + \text{etc.}}$$

を

$$1 - Au + Buu - Cu^3 + Du^4 - Eu^5 + \text{etc.}$$

と展開する．2つを掛け合わせて1となることから系数を比較
して

$$A = \frac{1}{2},$$

$$B = \frac{1}{2}A - \frac{1}{6},$$

$$C = \frac{1}{2}B - \frac{1}{6}A + \frac{1}{24},$$

$$D = \frac{1}{2}C - \frac{1}{6}B + \frac{1}{24}A - \frac{1}{120},$$

$$E = \frac{1}{2}D - \frac{1}{6}C + \frac{1}{24}B - \frac{1}{120}A + \frac{1}{720}$$

etc.

より

$$A = \frac{1}{2},$$

$$B = \frac{1}{12},$$

$$C = 0,$$

$$D = -\frac{1}{720},$$

$$E = 0$$

etc.

を得る.

§12 したがって

$$\frac{1}{1-x} + \frac{1}{\ell x} = y$$

は

$$y = -\frac{1}{u} + A - Bu + Cuu - Du^3 + \text{etc.} + \frac{1}{u}$$

つまり

$$y = A - B\ell x + C(\ell x)^2 - D(\ell x)^3 + E(\ell x)^4 - \text{etc.}$$

となる. ここで

$$\int \partial x (\ell x)^n = \pm 1 \cdot 2 \cdot 3 \cdot 4 \cdots n$$

を用いると

$$\int y \partial x = A + 1B + 1 \cdot 2C + 1 \cdot 2 \cdot 3D + 1 \cdot 2 \cdot 3 \cdot 4E$$

$$+ 1 \cdot 2 \cdots 5F + \text{etc.}$$

となる.

［残りの §13 – §20 は展開係数の計算方法の説明である.］

6.2 オイラー論文の解説

オイラー論文の §6 の結果

$$\gamma = \frac{1}{2}\log 2 + \frac{1}{3}\log\left(\frac{2^2}{1\cdot 3}\right) + \frac{1}{4}\log\left(\frac{2^3\cdot 4}{1\cdot 3^3}\right) + \frac{1}{5}\log\left(\frac{2^4\cdot 4^4}{1\cdot 3^6\cdot 5}\right) + \cdots$$

は，一般項を明示すると

$$\gamma = \sum_{n=2}^{\infty}\frac{1}{n}\log\left(\prod_{k=1}^{n}k^{(-1)^k\binom{n-1}{k-1}}\right)$$

と書くことができる．この表示は注意が払われてこなかっただけでなく，何を指し示しているのかも謎のままだった．

実は，これは絶対ゼータ関数によって

$$\gamma = \sum_{n=2}^{\infty}\frac{1}{n}\log\zeta_{\mathrm{G}_m^{n-1}/\mathbb{F}_1}(n)$$

と判明するのである．つまり，驚いたことに，オイラーは今から 241 年前の 1776 年 2 月 29 日には絶対ゼータ関数に手が届いていたのである．

この発見を，私は『コンヌ（Alain Connes）70 歳記念シンポジウム』（上海の復旦大学［Fudan University］，数論関係は 2017 年 4 月 3 日〜7 日）にて発表したのであるが，そこに出席していた絶対数学関係者のコンヌ，コンサニ，スーレだけでなく，カルチェ（P.Cartier：6 月 10 日には 85 歳になるが元気そのものである）も，ラフォルグ（L.Laforgue：フィールズ賞受賞者）も皆一様に驚嘆していたものである．

少し状況を説明しておこう．上海での『コンヌ記念シンポジウム』（会場は復旦大学の巨大なツインタワー光華楼の 20 階）は，21 世紀のはじめに絶対ゼータ関数を $\mathbb{F}_p$ 上の合同ゼータ関数から"$p\to 1$"とすることによって導入した論文

C.Soulé "Les variétés sur le corps à un élément"［一元体上の多様体］Moscow Mathematical Journal 4（2004）217-244

の著者スーレと，スーレの構成を計算しやすく変形した論文

A.Connes and C.Consani "Schemes over $\mathbb{F}_1$ and zeta functions" ［一元体上のスキームとゼータ関数］Compositio Mathematica **146**（2010）1383–1415,

A.Connes and C.Consani "Characteristic 1, entropy and the absolute point" ［標数 1，エントロピー，絶対点］Noncommutative geometry, arithmetic, and related topics, 2011, 75–139

の著者コンヌとコンサニが出席するという絶対ゼータ関数論にとっては立役者が勢揃いという絶好の機会であった．
　私は，絶対ゼータ関数論を初期（20 世紀の「黒川テンソル積」＝「絶対テンソル積」）から開拓したが，21 世紀にも

N.Kurokawa "Zeta functions over $\mathbb{F}_1$" ［一元体上のゼータ関数］Proc. Japan Acad. Ser. A **81**（2005）180–184

および，コンヌ・コンサニの構成をさらに正規化した

N.Kurokawa and H.Ochiai "Dualities for absolute zeta functions and multiple gamma functions" ［絶対ゼータ関数と多重ガンマ関数の双対性］Proc. Japan. Acad. Ser. A **89**(2013) 75–79

などで寄与してきた．詳しくは

黒川信重『絶対数学原論』現代数学社，2016 年,

黒川信重『絶対ゼータ関数論』岩波書店，2016 年,

黒川信重『リーマンと数論』共立出版，2016 年

を読まれたい．
　これらの本に沿って解説すると，絶対ゼータ関数 $\zeta_{\mathbb{G}_m^n/\mathbb{F}_1}(s)$ を計算するには，まず絶対保型形式

$$f(x) = f_{\mathbb{G}_m^n}(x)$$
$$= |\mathbb{G}_m^n(\mathbb{F}_x)|$$
$$= (x-1)^n$$
$$= \sum_{k=0}^{n} (-1)^{n-k} \binom{n}{k} x^k$$

から出発する．保型性は

$$f\left(\frac{1}{x}\right) = (-1)^n x^{-n} f(x)$$

である．次に，絶対フルビッツゼータ関数

$$Z_{\mathbb{G}_m^n/\mathbb{F}_1}(w, s) = Z_f(w, s)$$
$$= \frac{1}{\Gamma(w)} \int_1^\infty f(x) x^{-s-1} (\log x)^{w-1} dx$$
$$= \sum_{k=0}^{n} (-1)^{n-k} \binom{n}{k} (s-k)^{-w}$$

を作り，最後に，絶対（ハッセ）ゼータ関数

$$\zeta_{\mathbb{G}_m^n/\mathbb{F}_1}(s) = \zeta_f(s)$$
$$= \exp\left(\frac{\partial}{\partial w} Z_f(w, s) \Big|_{w=0} \right)$$
$$= \prod_{k=0}^{n} (s-k)^{(-1)^{n+1-k}\binom{n}{k}}$$

を得るのである．

とくに，

$$\zeta_{\mathbb{G}_m^n/\mathbb{F}_1}(n+1) = \prod_{k=0}^{n} (n+1-k)^{(-1)^{n+1-k}\binom{n}{k}}$$
$$= \prod_{k=1}^{n+1} k^{(-1)^k \binom{n}{k-1}}$$

となる．

したがって，オイラーが謎として残したものは

$$\prod_{k=1}^{n} k^{(-1)^k \binom{n-1}{k-1}} = \zeta_{\mathbb{G}_m^{n-1}/\mathbb{F}_1}(n)$$

と絶対ゼータ関数によって同定されたのである．つまり，オイラーの表示［§6］とは，二世紀半も前に

$$\gamma = \sum_{n=2}^{\infty} \frac{1}{n} \log \zeta_{\mathrm{G}_m^{n-1}/\mathrm{F}_1}(n)$$

を指し示していたのであった．

　念のために補足しておくと，$n \geqq 2$ のとき

$$Z_{\mathrm{G}_m^{n-1}/\mathrm{F}_1}(w, n) = \frac{1}{\Gamma(w)} \int_1^{\infty} (x-1)^{n-1} x^{-n-1} (\log x)^{w-1} dx$$

において

$$\int_1^{\infty} (x-1)^{n-1} x^{-n-1} (\log x)^{w-1} dx \Big|_{w=0} = \int_1^{\infty} \frac{(x-1)^{n-1} x^{-n-1}}{\log x} dx$$

が有限確定値のため

$$\frac{\partial}{\partial w} \left(\frac{1}{\Gamma(w)} \right) \Big|_{w=0} = 1$$

より

$$\frac{\partial}{\partial w} Z_{\mathrm{G}_m^{n-1}/\mathrm{F}_1}(w, n) \Big|_{w=0} = \int_1^{\infty} \frac{(x-1)^{n-1} x^{-n-1}}{\log x} dx$$

となるのである．つまり，

$$\zeta_{\mathrm{G}_m^{n-1}/\mathrm{F}_1}(n) = \exp\left(\int_1^{\infty} \frac{(x-1)^{n-1} x^{-n-1}}{\log x} dx \right)$$

となる．ちなみに，このタイプの積分表示をコンヌ・コンサニは用いたのである．

　この積分において x を $\frac{1}{x}$ におきかえれば

$$\zeta_{\mathrm{G}_m^{n-1}/\mathrm{F}_1}(n) = \exp\left(-\int_0^1 \frac{(1-x)^{n-1}}{\log x} dx \right)$$

$$= \exp\left(\int_0^1 \frac{(1-x)^{n-1}}{\log(\frac{1}{x})} dx \right)$$

となる．オイラーは，この積分をオイラー自身の公式

$$\int_0^1 \frac{x^m - x^n}{\log x} dx = \log\left(\frac{m+1}{n+1} \right)$$

によって直接計算して

$$\zeta_{\mathrm{G}_m^{n-1}/\mathrm{F}_1}(n) = \prod_{k=1}^n k^{(-1)^k \binom{n-1}{k-1}}$$

を得ていたことになる.

　オイラーの積分を説明しておこう. ここでは, $k \geqq 1$ に対する

（A）
$$\int_0^1 \frac{x-1}{\log x} x^{k-1} dx = \log\left(1 + \frac{1}{k}\right)$$

だけ用いることにする.

（A）の証明

$$x - 1 = \sum_{n=1}^\infty \frac{(\log x)^n}{n!}$$

と展開すると

$$\begin{aligned}
\int_0^1 \frac{x-1}{\log x} x^{k-1} dx &= \sum_{n=1}^\infty \frac{1}{n!} \int_0^1 (\log x)^{n-1} x^{k-1} dx \\
&= \sum_{n=1}^\infty \frac{1}{n!} (-1)^{n-1} (n-1)! \, k^{-n} \\
&= \sum_{n=1}^\infty \frac{(-1)^{n-1}}{n} k^{-n} \\
&= \log\left(1 + \frac{1}{k}\right)
\end{aligned}$$

となって（A）がわかる.

（B）　$f(x) \in \mathbb{Z}(x)$ が $f(1) = 0$ をみたすものとする. このとき

$$f(x) = \sum_k a(k) x^k$$

に対して

$$\int_0^1 \frac{f(x)}{\log x} dx = \log\left(\prod_k (k+1)^{a(k)}\right)$$

となる.

（B）の証明

$$f(x) = (x-1)\Big(\sum_k b(k)x^{k-1}\Big)$$

と書いておくと

$$a(k) = b(k) - b(k+1)$$

である．さらに，（A）を用いると

$$
\begin{aligned}
\int_0^1 \frac{f(x)}{\log x}\,dx &= \int_0^1 \frac{x-1}{\log x}\Big(\sum_k b(k)x^{k-1}\Big)dx \\
&= \sum_k b(k)\int_0^1 \frac{x-1}{\log x}\,x^{k-1}dx \\
&= \sum_k b(k)\log\Big(1+\frac{1}{k}\Big) \\
&= \sum_k b(k)(\log(k+1)-\log k) \\
&= \sum_k (b(k)-b(k+1))\log(k+1) \\
&= \sum_k a(k)\log(k+1) \\
&= \log\Big(\prod_k (k+1)^{a(k)}\Big)
\end{aligned}
$$

となって，（B）がわかる．

とくに，$n \geqq 2$ に対して

$$
\begin{aligned}
f(x) &= (1-x)^{n-1} \\
&= \sum_{k=0}^{n-1}(-1)^k \binom{n-1}{k} x^k
\end{aligned}
$$

のときに（B）を用いると，

$$
\begin{aligned}
\int_0^1 \frac{(1-x)^{n-1}}{\log x}\,dx &= \log\left(\prod_{k=0}^{n-1}(k+1)^{(-1)^k\binom{n-1}{k}}\right) \\
&= -\log\left(\prod_{k=1}^{n}k^{(-1)^k\binom{n-1}{k-1}}\right)
\end{aligned}
$$

となるので

104

$$\int_0^1 \frac{(1-x)^{n-1}}{\log(\frac{1}{x})}\,dx = \log\left(\prod_{k=1}^n k^{(-1)^k \binom{n-1}{k-1}}\right)$$

と求まるのである．ちなみに，オイラーの一般的方法は

$$S_f(s) = \int_0^1 \frac{f(x)}{\log x}\,x^{s-1}dx$$

を計算するには，まず $S_f'(s)$ を求めた上で $S_f(+\infty)=0$ の条件の下で $S_f(s)$ に至る，というものである．

オイラー論文の解説を続けよう．オイラー論文の §7，§8 の結果

$$\gamma = \frac{1}{2} + \frac{1}{24} + \frac{1}{72} + \frac{19}{2880} + \frac{3}{800} + \cdots$$

は，そこで充分説明されている通りであり，すべて正項の有理数である点が特長である．

オイラー論文の §12 の結果は

$$\gamma = \frac{1}{2} + \frac{1}{12} - \frac{1}{120} + \cdots$$

である．そこで使われている係数 $A, B, C, \cdots$ は本質的にベルヌイ数である．

これを現代的な記号で書くと

$$\frac{t}{e^t-1} = \sum_{k=0}^\infty \frac{B_k}{k!}\,t^k,$$

つまり $x=1$ の周辺における展開

$$\frac{1}{1-x} = -\frac{1}{\log x} - \sum_{k=1}^\infty \frac{B_k}{k!}\,(\log x)^{k-1}$$

である：$B_1 = -\frac{1}{2}$，$B_2 = \frac{1}{6}$，$B_3 = 0$，$B_4 = -\frac{1}{30}$，$B_5 = 0$，$\cdots$

がベルヌイ数であり，一般に B_k は有理数である．［収束のことが気になる人向けに書いておくと，$e^{-2\pi} < x < 1$ における（絶対）収束である．］

すると，§12 の公式は

$$\gamma = \int_0^1 \left(\frac{1}{1-x} + \frac{1}{\log x} \right) dx$$

$$= \int_0^1 \left(-\sum_{k=1}^\infty \frac{B_k}{k!} (\log x)^{k-1} \right) dx$$

$$= -\sum_{k=1}^\infty \frac{B_k}{k!} \int_0^1 (\log x)^{k-1} dx$$

$$= \sum_{k=1}^\infty \frac{(-1)^k}{k} B_k$$

$$= \frac{1}{2} + \sum_{n=1}^\infty \frac{B_{2n}}{2n}$$

となる．したがって，$B_2 = \dfrac{1}{6}$, $B_4 = -\dfrac{1}{30}$, $B_6 = \dfrac{1}{42}$ からは

$$\gamma = \frac{1}{2} + \frac{1}{12} - \frac{1}{120} + \frac{1}{252} + \cdots$$

となる．部分和を求めると

第1項まで：0.5

第2項まで：0.58333…

第3項まで：0.575

第4項まで：0.578968…

となる．いずれも γ の真の値 0.577… に良い近似になっている．ところが

$$\gamma = \frac{1}{2} + \sum_{n=1}^\infty \frac{B_{2n}}{2n}$$

というオイラーの公式の右辺は発散する．それは練習問題にしておこう．［原因のヒントとしては，前に注意した通り，積分した際の展開の収束域が $0 < x < 1$ 全体ではなく $e^{-2\pi} < x < 1$ のところに限定されることを指摘しておこう．］

第6章 オイラー定数から絶対ゼータ関数へ

6.3 練習問題

=== 練習問題 1 ===

$$\gamma = \frac{1}{2} + \sum_{n=1}^{\infty} \frac{B_{2n}}{2n}$$

というオイラーの公式の右辺は収束しないことを証明せよ.

[**解答**] 収束すると仮定すれば

$$\lim_{n \to \infty} \frac{B_{2n}}{2n} = 0$$

となるはずである.したがって,

$$\lim_{n \to \infty} \frac{B_{2n}}{2n} = 0$$

とはならないことを示せば充分である.それには,オイラーの公式

$$\zeta(2n) = (-1)^{n-1} \frac{B_{2n}(2\pi)^{2n}}{2(2n)!}$$

を用いるのがわかりやすい.すると

$$\left| \frac{B_{2n}}{2n} \right| = \frac{(2n)!}{(2\pi)^{2n} n} \zeta(2n)$$

において,スターリングの公式

$$(2n)! \sim \sqrt{2\pi} (2n)^{2n+\frac{1}{2}} e^{-2n}$$

と

$$\lim_{n \to \infty} \zeta(2n) = 1$$

を使うことによって

$$\lim_{n \to \infty} \left| \frac{B_{2n}}{2n} \right| = \infty$$

がわかる.よって級数

$$\frac{1}{2} + \sum_{n=1}^{\infty} \frac{B_{2n}}{2n} = \frac{1}{2} + \frac{1}{12} - \frac{1}{120} + \frac{1}{252} + \cdots$$

は収束しない. [**解答終**]

═══ **練習問題 2** ═══

次の公式

$$\gamma = 1 - \sum_{n=1}^{\infty} \frac{\zeta(n)-1}{n}$$

を証明せよ.

[**解答**]

$$\sum_{n=2}^{\infty} \frac{1}{n}(\zeta(n)-1) = \sum_{n=2}^{\infty} \frac{1}{n}\left(\sum_{m=2}^{\infty} \frac{1}{m^n}\right)$$

$$= \sum_{m=2}^{\infty} \sum_{n=2}^{\infty} \frac{1}{n}\left(\frac{1}{m}\right)^n$$

$$= \sum_{m=2}^{\infty} \left(-\log\left(1-\frac{1}{m}\right) - \frac{1}{m}\right)$$

$$= \lim_{M \to \infty} \sum_{m=2}^{M} \left(-\log\left(1-\frac{1}{m}\right) - \frac{1}{m}\right)$$

$$= 1 - \lim_{M \to \infty}\left(1 + \frac{1}{2} + \cdots + \frac{1}{M} - \log M\right)$$

$$= 1 - \gamma$$

となる. したがって

$$\gamma = 1 - \sum_{n=2}^{\infty} \frac{\zeta(n)-1}{n}$$

が成り立つ. [**解答終**]

この公式はオイラーが得たものであり, $n \geqq 2$ に対して

$$0 < \zeta(n) - 1 < \frac{1}{2^n} + \int_2^{\infty} \frac{dx}{x^n}$$

$$= \frac{1}{2^n} \cdot \frac{n+1}{n-1}$$

ろなることから, とても収束の速い級数表示である.

第7章

オイラー定数の積分表示

オイラー定数の積分表示からゼータ関数の特殊値に結びつけるオイラーの見事な手法は前章に見た通りである．本章は，その積分表示に焦点を当てる．その結果，ゼータ関数への予期せぬ応用を得る．

7.1 オイラー論文

オイラー定数の積分表示

$$\gamma = \int_0^1 \left(\frac{1}{1-x} + \frac{1}{\log x} \right) dx$$

はオイラーの論文

"De numero memorabili in summatione progressionis harmonicae naturalis occurrente" ［調和級数の和に自然に現れてくる注目すべき数について］Acta Academiae Scientarum Imperiallis Petropolitanae **5**（1785）45–75（E583, 1776 年 2 月 22 日付，全集 I–15, 569–603）

で証明された．それは，オイラー定数の本性を知るためにさまざまな表示を探求する一環であり，一週間後の 2 月 29 日付論文 E629（前章で解説）に直結している．オイラー 68 歳のとき

の論文である.

論文の概略を見よう.

§5
$$-\ell\,\frac{n}{n-1}=\ell\,\frac{n-1}{n}=\ell\left(1-\frac{1}{n}\right)$$

より

$$-\ell\,\frac{n}{n-1}=-\frac{1}{n}-\frac{1}{2n^2}-\frac{1}{3n^3}-\frac{1}{4n^4}-\frac{1}{5n^5}-\text{etc.}$$

と無限級数に書けるので

$$\frac{1}{n}-\ell\,\frac{n}{n-1}=-\frac{1}{2n^2}-\frac{1}{3n^3}-\frac{1}{4n^4}-\frac{1}{5n^5}-\text{etc.}$$

となる.したがって $[n=2,3,4,\cdots$ と足して$]$

$$1-C=+\frac{1}{2\cdot 2^2}+\frac{1}{3\cdot 2^3}+\frac{1}{4\cdot 2^4}+\frac{1}{5\cdot 2^5}+\text{etc.}$$
$$+\frac{1}{2\cdot 3^2}+\frac{1}{3\cdot 3^3}+\frac{1}{4\cdot 3^4}+\frac{1}{5\cdot 3^5}+\text{etc.}$$
$$+\frac{1}{2\cdot 4^2}+\frac{1}{3\cdot 4^3}+\frac{1}{4\cdot 4^4}+\frac{1}{5\cdot 4^5}+\text{etc.}$$
$$+\frac{1}{2\cdot 5^2}+\frac{1}{3\cdot 5^3}+\frac{1}{4\cdot 5^4}+\frac{1}{5\cdot 5^5}+\text{etc.}$$
$$\text{etc.}$$

となる.つまり,平方数の逆数和

$$1+\frac{1}{2^2}+\frac{1}{3^2}+\frac{1}{4^2}+\frac{1}{5^2}+\text{etc.}$$

を α とし,3乗,4乗,5乗,$\cdots$のものを $\beta,\gamma,\delta,\cdots$ と書くこと
にすると

$$1-C=\frac{1}{2}\,(\alpha-1)+\frac{1}{3}\,(\beta-1)+\frac{1}{4}\,(\gamma-1)$$
$$+\frac{1}{5}\,(\delta-1)+\frac{1}{6}\,(\varepsilon-1)+\text{etc.}$$

となる.したがって

第7章　オイラー定数の積分表示

$$\frac{1}{2}(\alpha-1) = 0.3224670$$

$$\frac{1}{3}(\beta-1) = 0.0673523$$

$$\frac{1}{4}(\gamma-1) = 0.0205808$$

$$\frac{1}{5}(\delta-1) = 0.0073855$$

$$\frac{1}{6}(\varepsilon-1) = 0.0028905$$

$$\frac{1}{7}(\zeta-1) = 0.0011927$$

$$\frac{1}{8}(\eta-1) = 0.0005097$$

$$\frac{1}{9}(\theta-1) = 0.0002231$$

$$\frac{1}{10}(\iota-1) = 0.0000994$$

$$\frac{1}{11}(\kappa-1) = 0.0000449$$

$$\frac{1}{12}(\lambda-1) = 0.0000205$$

$$\frac{1}{13}(\mu-1) = 0.0000094$$

$$\frac{1}{14}(\nu-1) = 0.0000044$$

$$\frac{1}{15}(\xi-1) = 0.0000020$$

$$\frac{1}{16}(o-1) = 0.0000009$$

$$1-C = 0.4227831$$

より

$$C = 0.5772169$$

を得る.

§7　$\ell\,\dfrac{a+1}{a-1}=\dfrac{2}{a}+\dfrac{2}{3a^3}+\dfrac{2}{5a^5}+\dfrac{2}{7a^7}+\dfrac{2}{9a^9}+\text{etc.}$

において $a=2n-1$ とすると

$$\ell\,\frac{n}{n-1}=\frac{2}{2n-1}+\frac{2}{3(2n-1)^3}$$
$$+\frac{2}{5(2n-1)^5}+\frac{2}{7(2n-1)^7}+\text{etc.}$$

となる．したがって，

$$\ell\,\frac{n}{n-1}-\frac{1}{n}=\frac{1}{n(2n-1)}+\frac{2}{3(2n-1)^3}$$
$$+\frac{2}{5(2n-1)^5}+\frac{2}{7(2n-1)^7}+\text{etc.}$$

である．これを $n=2,3,4,5,\text{etc.}$ に足し合わせて

$$1-C=+\frac{1}{2\cdot3}+\frac{2}{3\cdot3^3}+\frac{2}{5\cdot3^5}+\frac{2}{7\cdot3^7}+\frac{2}{9\cdot3^9}+\text{etc.}$$
$$+\frac{1}{3\cdot5}+\frac{2}{3\cdot5^3}+\frac{2}{5\cdot5^5}+\frac{2}{7\cdot5^7}+\frac{2}{9\cdot5^9}+\text{etc.}$$
$$+\frac{1}{4\cdot7}+\frac{2}{3\cdot7^3}+\frac{2}{5\cdot7^5}+\frac{2}{7\cdot7^7}+\frac{2}{9\cdot7^9}+\text{etc.}$$
$$+\frac{1}{5\cdot9}+\frac{2}{3\cdot9^3}+\frac{2}{5\cdot9^5}+\frac{2}{7\cdot9^7}+\frac{2}{9\cdot9^9}+\text{etc.}$$
$$\text{etc.}$$

を得る．

　ここで

$$\frac{1}{n(2n-1)}=\frac{2}{2n-1}-\frac{2}{2n}$$

であるから

$$\frac{2}{3}-\frac{2}{4}+\frac{2}{5}-\frac{2}{6}+\frac{2}{7}-\frac{2}{8}+\text{etc.}$$

が $2\ell2-1$ となることを使うと

第 7 章　オイラー定数の積分表示

$$2-2\ell 2-C = \frac{2}{3\cdot 3^3}+\frac{2}{5\cdot 3^5}+\frac{2}{7\cdot 3^7}+\frac{2}{9\cdot 3^9}+\text{etc.}$$

$$+\frac{2}{3\cdot 5^3}+\frac{2}{5\cdot 5^5}+\frac{2}{7\cdot 5^7}+\frac{2}{9\cdot 5^9}+\text{etc.}$$

$$+\frac{2}{3\cdot 7^3}+\frac{2}{5\cdot 7^5}+\frac{2}{7\cdot 7^7}+\frac{2}{9\cdot 7^9}+\text{etc.}$$

$$+\frac{2}{3\cdot 9^3}+\frac{2}{5\cdot 9^5}+\frac{2}{7\cdot 9^7}+\frac{2}{9\cdot 9^9}+\text{etc.}$$

$$\text{etc.}$$

となる.

§ 36　無限大数 n に対して

$$C = \int \frac{(1-x^n)dx}{1-x}-\ell n$$

である（積分は 0 から 1 まで）から

$$C = \int \frac{(1-x^n)dx}{1-x}-\ell \frac{1-x^n}{1-x}$$

となる．ただし，右の項では $x=1$ での値とする．

§ 37　次の形になる：

$$C = -\int \frac{x^n dx}{1-x}+n\int \frac{x^{n-1}dx}{1-x^n}.$$

§ 38　$x^n=z$ つまり $x=z^{\frac{1}{n}}$ とおきかえると

$$dx = \frac{1}{n}z^{\frac{1}{n}-1}dz = \frac{z^{\frac{1}{n}}dz}{nz}$$

だから

$$C = -\frac{1}{n}\int \frac{z^{\frac{1}{n}}dz}{1-z^{\frac{1}{n}}}+\int \frac{dz}{1-z}$$

となり

113

$$\ell z = n(z^{\frac{1}{n}} - 1)$$

より

$$C = \int \frac{dz}{\ell z} + \int \frac{dz}{1-z}$$

となる．したがって

$$C = \int dz \left(\frac{1}{1-z} + \frac{1}{\ell z} \right)$$

である．

§ 39

$$\alpha = 1 + \frac{1}{2^2} + \frac{1}{3^2} + \frac{1}{4^2} + \frac{1}{5^2} + \text{etc.}$$

$$\beta = 1 + \frac{1}{2^3} + \frac{1}{3^3} + \frac{1}{4^3} + \frac{1}{5^3} + \text{etc.}$$

$$\gamma = 1 + \frac{1}{2^4} + \frac{1}{3^4} + \frac{1}{4^4} + \frac{1}{5^4} + \text{etc.}$$

$$\delta = 1 + \frac{1}{2^5} + \frac{1}{3^5} + \frac{1}{4^5} + \frac{1}{5^5} + \text{etc.}$$

etc.　　　　　　etc.

とおくと，次のようにまとめられる：

I ．$1 - C = \frac{1}{2}(\alpha - 1) + \frac{1}{3}(\beta - 1) + \frac{1}{4}(\gamma - 1) + \frac{1}{5}(\delta - 1) + \text{etc.}$

II ．$C = \frac{1}{2}\alpha - \frac{1}{3}\beta + \frac{1}{4}\gamma - \frac{1}{5}\delta + \frac{1}{6}\varepsilon - \frac{1}{7}\zeta + \text{etc.}$

III．$1 = \left(\alpha - \frac{1}{2} - \frac{1}{3} \right) + \left(\frac{1}{2}\gamma - \frac{1}{4} - \frac{1}{5} \right)$

$$+ \left(\frac{1}{3}\varepsilon - \frac{1}{6} - \frac{1}{7} \right) + \left(\frac{1}{4}\eta - \frac{1}{8} - \frac{1}{9} \right) + \text{etc.}$$

IV．$2C - 1 = \left(\frac{1}{2} + \frac{1}{3} - \frac{2}{3}\beta \right) + \left(\frac{1}{4} + \frac{1}{5} - \frac{2}{5}\delta \right)$

$$+ \left(\frac{1}{6} + \frac{1}{7} - \frac{2}{7}\zeta \right) + \left(\frac{1}{8} + \frac{1}{9} - \frac{2}{9}\theta \right) + \text{etc.}$$

第 7 章　オイラー定数の積分表示

Ⅴ．$2-2\ell2-C=\left(\dfrac{2}{3}\cdot\dfrac{7}{8}\beta-\dfrac{2}{3}\right)+\left(\dfrac{2}{5}\cdot\dfrac{31}{32}\delta-\dfrac{2}{5}\right)$

$$+\left(\dfrac{2}{7}\cdot\dfrac{127}{128}\zeta-\dfrac{2}{7}\right)+\left(\dfrac{2}{9}\cdot\dfrac{511}{512}\theta-\dfrac{2}{9}\right)+\text{etc.}$$

Ⅵ．$1-2\ell2+C=\left(\dfrac{1}{2}-\dfrac{1}{3}-\dfrac{2}{3\cdot2^3}\beta\right)$

$$+\left(\dfrac{1}{4}-\dfrac{1}{5}-\dfrac{2}{5\cdot2^5}\delta\right)+\left(\dfrac{1}{6}-\dfrac{1}{7}-\dfrac{2}{7\cdot2^7}\zeta\right)+\text{etc.}$$

Ⅶ．$\ell2-C=\dfrac{1}{3\cdot2^2}\beta+\dfrac{1}{5\cdot2^4}\delta+\dfrac{1}{7\cdot2^6}\zeta$

$$+\dfrac{1}{9\cdot2^8}\theta+\dfrac{1}{11\cdot2^{10}}\kappa+\text{etc.}$$

Ⅷ．$1-\ell\dfrac{3}{2}-C=\dfrac{1}{3\cdot2^2}(\beta-1)+\dfrac{1}{5\cdot2^4}(\delta-1)$

$$+\dfrac{1}{7\cdot2^6}(\zeta-1)+\dfrac{1}{9\cdot2^8}(\theta-1)+\text{etc.}$$

7.2　オイラー論文の解説

オイラーの挙げている等式Ⅰ～Ⅷは現代的に書けば次の通りである：

Ⅰ．$1-\gamma=\displaystyle\sum_{n=2}^{\infty}\dfrac{1}{n}(\zeta(n)-1).$

Ⅱ．$\gamma=\displaystyle\sum_{n=2}^{\infty}\dfrac{(-1)^n}{n}\zeta(n).$

Ⅲ．$1=\displaystyle\sum_{n=1}^{\infty}\left(\dfrac{1}{n}\zeta(2n)-\dfrac{1}{2n}-\dfrac{1}{2n+1}\right).$

Ⅳ. $2\gamma - 1 = \sum_{n=1}^{\infty} \left(\frac{1}{2n} + \frac{1}{2n+1} - \frac{2}{2n+1} \zeta(2n+1) \right).$

Ⅴ. $2 - 2\log 2 - \gamma = \sum_{n=1}^{\infty} \left(\frac{2}{2n+1} \cdot \frac{2^{2n+1}-1}{2^{2n+1}} \zeta(2n+1) - \frac{2}{2n+1} \right).$

Ⅵ. $1 - 2\log 2 + \gamma = \sum_{n=1}^{\infty} \left(\frac{1}{2n} - \frac{1}{2n+1} - \frac{2}{(2n+1)2^{2n+1}} \zeta(2n+1) \right).$

Ⅶ. $\log 2 - \gamma = \sum_{n=1}^{\infty} \frac{1}{(2n+1)2^{2n}} \zeta(2n+1).$

Ⅷ. $1 - \log \frac{3}{2} - \gamma = \sum_{n=1}^{\infty} \frac{1}{(2n+1)2^{2n}} (\zeta(2n+1) - 1).$

このうち, Ⅰは第6章の練習問題になっていたし, Ⅱは第5章で説明した通りオイラーの1734年の結果である.

なお, Ⅲだけはオイラー定数は出てきていない. いずれの証明も似ているので, 代表的なⅦを示しておこう. まず$0 < x < 1$に対して

$$\sum_{n=1}^{\infty} \frac{1}{2n+1} x^{2n+1} = \frac{1}{2} \log \left(\frac{1+x}{1-x} \right) - x$$

に注意する. これは

$$\sum_{n=1}^{\infty} \frac{1}{n} x^n = -\log(1-x),$$

$$\sum_{n=1}^{\infty} \frac{1}{2n} x^{2n} = -\frac{1}{2} \log(1-x^2)$$

より

$$\sum_{n=1}^{\infty} \frac{1}{2n+1} x^{2n+1} = -\log(1-x) - x + \frac{1}{2}\log(1-x^2)$$

$$= \frac{1}{2}\log\frac{1-x^2}{(1-x)^2} - x$$

$$= \frac{1}{2}\log\left(\frac{1+x}{1-x}\right) - x$$

となり，わかる．すると

$$\sum_{n=1}^{\infty} \frac{\zeta(2n+1)}{(2n+1)2^{2n}} = \sum_{n=1}^{\infty} \frac{1}{(2n+1)2^{2n}} \left(\sum_{m=1}^{\infty} \frac{1}{m^{2n+1}}\right)$$

$$= 2\sum_{m=1}^{\infty}\sum_{n=1}^{\infty} \frac{1}{(2n+1)(2m)^{2n+1}}$$

$$= 2\sum_{m=1}^{\infty} \left\{\frac{1}{2}\log\left(\frac{1+\frac{1}{2m}}{1-\frac{1}{2m}}\right) - \frac{1}{2m}\right\}$$

$$= \sum_{m=1}^{\infty} \left\{\log\left(\frac{2m+1}{2m-1}\right) - \frac{1}{m}\right\}$$

$$= \lim_{M\to\infty} \sum_{m=1}^{M} \left\{\log\left(\frac{2m+1}{2m-1}\right) - \frac{1}{m}\right\}$$

$$= \lim_{M\to\infty} \left\{\log\left(\frac{3}{1}\cdot\frac{5}{3}\cdots\cdots\frac{2M+1}{2M-1}\right) - \left(1+\cdots+\frac{1}{M}\right)\right\}$$

$$= \lim_{M\to\infty} \left\{\log\left(2+\frac{1}{M}\right) + \log M - \left(1+\cdots+\frac{1}{M}\right)\right\}$$

$$= \log 2 - \gamma$$

となって，Ⅶが証明された．

次に，オイラーの公式

$$\gamma = \int_0^1 \left(\frac{1}{1-x} + \frac{1}{\log x}\right) dx$$

の証明をオイラーの書いている方針で説明しよう．オイラーの記述

$$\gamma = \int_0^1 \frac{1}{1-x}\,dx + \int_0^1 \frac{1}{\log x}\,dx$$

のままでは，各々の積分は発散（前者は $+\infty$，後者は $-\infty$）し

てしまうので難しい. そこで,

$$[n]_x = 1 + x + \cdots + x^{n-1}$$

とおいて

$$1 + \frac{1}{2} + \cdots + \frac{1}{n} - \log n = \int_0^1 [n]_x \, dx - [\log[n]_x]_0^1$$

$$= \int_0^1 \{[n]_x \, dx - (\log[n]_x)'\} \, dx$$

$$= \int_0^1 \left\{ \frac{1-x^n}{1-x} - \left(\frac{1}{1-x} - \frac{nx^{n-1}}{1-x^n} \right) \right\} dx$$

$$= \int_0^1 \left(-\frac{x^n}{1-x} + n\frac{x^{n-1}}{1-x^n} \right) dx$$

と表示してから $x = z^{\frac{1}{n}}$ とおきかえると

$$1 + \frac{1}{2} + \cdots + \frac{1}{n} - \log n = \int_0^1 \left(-\frac{z^{\frac{1}{n}}}{n(1-z^{\frac{1}{n}})} + \frac{1}{1-z} \right) dz$$

となる. よって, $n \to \infty$ としてオイラー定数 γ の積分表示

$$\gamma = \int_0^1 \left(\frac{1}{\log z} + \frac{1}{1-z} \right) dz$$

が得られる. ただし,

$$\lim_{n \to \infty} n(z^{\frac{1}{n}} - 1) = \log z$$

を用いている.

ここで, オイラーの定積分

$$\gamma = \int_0^1 \left(\frac{1}{1-x} + \frac{1}{\log x} \right) dx$$

の一つの一般化を証明しておこう:

第7章　オイラー定数の積分表示

> **定理 H**　s は複素数とする.
>
> (1)　$\mathrm{Re}(s)>1$ に対して
>
> $$\zeta(s)-\frac{1}{s-1}=\int_0^1\left(\frac{1}{1-x}+\frac{1}{\log x}\right)\frac{(\log\frac{1}{x})^{s-1}}{\Gamma(s)}\,dx$$
>
> が成立する.
>
> (2)　すべての s に対して
>
> $$\zeta(s)-\frac{1}{s-1}=\sum_{n=2}^\infty\frac{1}{n}\,\frac{Z_{\mathrm{G}_m^{n-1}/\mathrm{F}_1}(s-1,n)}{s-1}$$
>
> が成立する. ただし,
>
> $$Z_{\mathrm{G}_m^{n-1}/\mathrm{F}_1}(s-1,n)=\sum_{k=1}^n(-1)^{k-1}\binom{n-1}{k-1}k^{1-s}$$
>
> は絶対フルビッツゼータ関数である.

証明

(1)　$\mathrm{Re}(s)>1$ において, オイラーの定積分

$$\zeta(s)=\frac{1}{\Gamma(s)}\int_0^1\frac{(\log\frac{1}{x})^{s-1}}{1-x}\,dx$$

から出発する. [これは通常は――とくに, 1859 年のリーマンの研究以降―― $x=e^{-t}$ によって

$$\zeta(s)=\frac{1}{\Gamma(s)}\int_0^\infty\frac{t^{s-1}}{e^t-1}\,dt$$

と書かれることが多い.] また,

$$-\frac{1}{s-1}=\frac{1}{\Gamma(s)}\int_0^1\frac{(\log\frac{1}{x})^{s-1}}{\log x}\,dx$$

である. したがって,

$$\zeta(s)-\frac{1}{s-1}=\int_0^1\left(\frac{1}{1-x}+\frac{1}{\log x}\right)\frac{(\log\frac{1}{x})^{s-1}}{\Gamma(s)}\,dx$$

となる.

119

(2) オイラーのトリック（手品）

$$\log\frac{1}{x} = -\log(1-(1-x))$$

により

$$\zeta(s) = \frac{1}{\Gamma(s)}\int_0^1 \frac{-\log(1-(1-x))}{1-x}\left(\log\frac{1}{x}\right)^{s-2}dx$$

であるから，展開して

$$\zeta(s) = \frac{1}{\Gamma(s)}\int_0^1 \frac{\displaystyle\sum_{n=1}^{\infty}\frac{(1-x)^n}{n}}{1-x}\left(\log\frac{1}{x}\right)^{s-2}dx$$

$$= \sum_{n=1}^{\infty}\frac{1}{n}\cdot\frac{1}{\Gamma(s)}\int_0^1 (1-x)^{n-1}\left(\log\frac{1}{x}\right)^{s-2}dx$$

$$= \sum_{n=1}^{\infty}\frac{1}{n}\cdot\frac{1}{\Gamma(s)}\int_0^1 \left(\sum_{k=0}^{n-1}(-1)^k\binom{n-1}{k}x^k\right)\left(\log\frac{1}{x}\right)^{s-2}dx$$

$$= \sum_{n=1}^{\infty}\frac{1}{n}\cdot\frac{\Gamma(s-1)}{\Gamma(s)}\left(\sum_{k=0}^{n-1}(-1)^k\binom{n-1}{k}(k+1)^{1-s}\right)$$

$$= \frac{1}{s-1}\sum_{n=1}^{\infty}\frac{1}{n}Z_{\mathbb{G}_m^{n-1}/\mathbb{F}_1}(s-1,n)$$

となる．ここで，

$$Z_{\mathbb{G}_m^{n-1}/\mathbb{F}_1}(s-1,n) = \sum_{k=0}^{n-1}(-1)^k\binom{n-1}{k}(k+1)^{1-s}$$

$$= \sum_{k=1}^{n}(-1)^{k-1}\binom{n-1}{k-1}k^{1-s}$$

は代数的トーラス $\mathbb{G}_m^{n-1}$ の絶対フルビッツゼータ関数であり，

$$Z_{\mathbb{G}_m^0/\mathbb{F}_1}(s-1,1) = 1$$

である．

したがって，

$$\zeta(s) - \frac{1}{s-1} = \int_0^1 \left(\frac{1}{1-x} + \frac{1}{\log x} \right) \frac{(\log\frac{1}{x})^{s-1}}{\Gamma(s)}\, dx$$

$$= \sum_{n=2}^{\infty} \frac{1}{n} \frac{Z_{\mathbb{G}_m^{n-1}/\mathbb{F}_1}(s-1, n)}{s-1}$$

が成立する. 最後の表示においては, $n \geqq 2$ なので

$$Z_{\mathbb{G}_m^{n-1}}(0, n) = \sum_{k=1}^{n} (-1)^{k-1} \binom{n-1}{k-1}$$

$$= 0$$

より, 正則関数の一様収束級数となっていて, すべての複素数 s への解析接続を与えている. (**証明終**)

上記で省略した一様収束性の詳しい評価が気になる人は

H.Hasse "Ein Summierungsverfahren für die Riemannsche ζ-Reihe" [リーマンの ζ-級数に対する和公式] Mathematische Zeitschrift **32** (1930) 453-464 [『ハッセ全集』第3巻, 447-453]

を見られたい. このハッセの論文はリーマンゼータ関数 $\zeta(s)$ の新しい解析接続法およびそれから0以下の整数 s における値を自然に求めることを主目的としている. ハッセの論文にはオイラーの論文への言及はないし (おそらく, 知らなかったのであろう), 絶対フルビッツゼータ関数という捉え方もないものの, 実質的にはオイラーのトリックを用いて上記の定理 H が証明されている.

さて, オイラーの公式

$$\gamma = \sum_{n=2}^{\infty} \frac{1}{n} \log \zeta_{\mathbb{G}_m^{n-1}/\mathbb{F}_1}(n)$$

は定理Hから直ちに得られる（このことも，ハッセの論文には触れられていない）．それには，等式

$$\zeta(s) - \frac{1}{s-1} = \sum_{n=2}^{\infty} \frac{1}{n} \cdot \frac{Z_{\mathbb{G}_m^{n-1}/\mathbb{F}_1}(s-1, n)}{s-1}$$

において $s \to 1$ とすれば良い．左辺は

$$\lim_{s \to 1} \left(\zeta(s) - \frac{1}{s-1} \right) = \gamma$$

となるし，右辺では $n \geqq 2$ より

$$
\begin{aligned}
\lim_{s \to 1} \frac{Z_{\mathbb{G}_m^{n-1}/\mathbb{F}_1}(s-1, n)}{s-1} &= \lim_{s \to 0} \frac{Z_{\mathbb{G}_m^{n-1}/\mathbb{F}_1}(s, n)}{s} \\
&= \lim_{s \to 0} \frac{Z_{\mathbb{G}_m^{n-1}/\mathbb{F}_1}(s, n) - Z_{\mathbb{G}_m^{n-1}/\mathbb{F}_1}(0, n)}{s} \\
&= \frac{d}{ds} Z_{\mathbb{G}_m^{n-1}/\mathbb{F}_1}(s, n) \Big|_{s=0} \\
&= \log \zeta_{\mathbb{G}_m^{n-1}/\mathbb{F}_1}(n)
\end{aligned}
$$

となって絶対ハッセゼータ関数が出てくる．

また，定理Hにおいて $s=3$ のときは

$$\zeta(3) = \frac{1}{2} \sum_{n=1}^{\infty} \frac{H_n}{n^2}$$

が得られる（練習問題参照）．これは，オイラーの 1771 年の結果であり，論文

"Meditationes circa singulare serierum genus" ［特異級数の考察］Novi Commentarii Acad. Scient. Petropolitanae **20**（1776）140-186（E477, 1771 年 7 月 4 日付，全集 I －15, 217-267）

の §12 にある（この論文は「多重ゼータ値」研究の起源となった）．

さらに，$s=0$ や $s=-1$ などのときは

$$\zeta(0) = -\frac{1}{2},$$

$$\zeta(-1) = -\frac{1}{12}$$

などの有理数 (実質的にはベルヌイ数) を得る (練習問題参照). これはオイラー 1739 年の結果であり, 論文としては, 第 11 章で解説する通り,

"Remarques sur un beau rapport entre les series des puissances tant direct que reciproques" [自然数の正べき和と負べき和の美しい関係について] Memoires de l' académie des sciences de Berlin **17** (1768) 83-106 (E352, 1749 年執筆, 全集 I − 15, 70 − 90)

が見やすい.

オイラー定数の定積分から発展した本章の方法 (定理 H) は, このように広い視野を持っている.

7.3 練習問題

=== 練習問題 1 ===

$$\sum_{n=2}^{\infty} \frac{(-1)^n}{n} \left(\zeta(n) - 1 \right) = \gamma + \log 2 - 1$$

を証明せよ.

[解答]

$$\sum_{n=2}^{\infty} \frac{(-1)^n}{n} \left(\zeta(n) - 1 \right) = \sum_{n=2}^{\infty} \frac{(-1)^n}{n} \zeta(n) + \sum_{n=2}^{\infty} \frac{(-1)^{n-1}}{n}$$

において

$$\sum_{n=2}^{\infty} \frac{(-1)^n}{n} \zeta(n) = \gamma \quad (\text{本章の II}),$$

$$\sum_{n=2}^{\infty} \frac{(-1)^{n-1}}{n} = \sum_{n=1}^{\infty} \frac{(-1)^{n-1}}{n} - 1 = \log 2 - 1$$

を用いればよい. ［解答終］

━━━ 練習問題 2 ━━━━━━━━━━━━━━━━━━━━━━━━━

$$\sum_{n=1}^{\infty} \frac{H_n}{n^2} = 2\zeta(3)$$

を証明せよ. ここで,

$$H_n = \sum_{k=1}^{n} \frac{1}{k}$$

は調和数である.

[**解答**] 定理 H を用いると

$$\zeta(3) = \frac{1}{2} \sum_{n=1}^{\infty} \frac{1}{n} Z_{\mathrm{G}_m^{n-1}/\mathrm{F}_1}(2, n)$$

であるから,

$$Z_{\mathrm{G}_m^{n-1}/\mathrm{F}_1}(2, n) = \frac{H_n}{n}$$

を示せばよい. 左辺は

$$Z_{\mathrm{G}_m^{n-1}/\mathrm{F}_1}(2, n) = \sum_{k=1}^{n} \frac{(-1)^{k-1}\binom{n-1}{k-1}}{k^2}$$

である. そこで,

$$\sum_{k=1}^{n} (-1)^{k-1} \binom{n-1}{k-1} (1-x)^{k-1} = x^{n-1}$$

を積分して

$$\sum_{k=1}^{n} \frac{(-1)^{k-1}\binom{n-1}{k-1}}{k}(1-x)^k = \frac{1-x^n}{n}$$

となるので，等式

$$\sum_{k=1}^{n} \frac{(-1)^{k-1}\binom{n-1}{k-1}}{k}(1-x)^{k-1} = \frac{1}{n}(1+x+\cdots+x^{n-1})$$

を得る．これを 0 から 1 まで積分すると

$$\sum_{k=1}^{n} \frac{(-1)^{k-1}\binom{n-1}{k-1}}{k^2} = \frac{H_n}{n}$$

となって

$$Z_{\mathbb{G}_m^{n-1}/\mathbb{F}_1}(2,n) = \frac{H_n}{n}$$

がわかる．　　　　　　　　　　　　　　　　　　　　　　［解答終］

　全く同様にすると，整数 $m \geqq 2$ に対して

$$m\zeta(m+1) = \sum_{n_1 \geq n_2 \geq \cdots \geq n_m \geq 1} \frac{1}{n_1^2 n_2 \cdots n_m}$$

が得られるのでやっておいて欲しい（第 10 章参照）．右辺は $\zeta^*(2,1,\cdots,1)$ と書かれる（等号付き）多重ゼータ値（m 重）である．

━━ 練習問題 3 ━━━━━━━━━━━━━━━━━━━━━━━

$$\zeta(0) = -\frac{1}{2},\ \zeta(-1) = -\frac{1}{12},\ \zeta(-2) = 0$$

を証明せよ．

━━━━━━━━━━━━━━━━━━━━━━━━━━━━━━━━

［**解答**］定理 H を用いると

$$\zeta(0) = -\sum_{n=1}^{\infty} \frac{1}{n} Z_{\mathbb{G}_m^{n-1}/\mathbb{F}_1}(-1,n),$$

$$\zeta(-1) = -\frac{1}{2}\sum_{n=1}^{\infty} \frac{1}{n} Z_{\mathbb{G}_m^{n-1}/\mathbb{F}_1}(-2,n),$$

$$\zeta(-2) = -\frac{1}{3}\sum_{n=1}^{\infty}\frac{1}{n}Z_{\mathbb{G}_m^{n-1}/\mathbb{F}_1}(-3,n)$$

であるが

$$Z_{\mathbb{G}_m^{n-1}/\mathbb{F}_1}(-1,n) = \sum_{k=1}^{n}(-1)^{k-1}\binom{n-1}{k-1}k = \begin{cases} 1 & \cdots\ n=1 \\ -1 & \cdots\ n=2 \\ 0 & \cdots\ n\geqq 3, \end{cases}$$

$$Z_{\mathbb{G}_m^{n-1}/\mathbb{F}_1}(-2,n) = \sum_{k=1}^{n}(-1)^{k-1}\binom{n-1}{k-1}k^2 = \begin{cases} 1 & \cdots\ n=1 \\ -3 & \cdots\ n=2 \\ 2 & \cdots\ n=3 \\ 0 & \cdots\ n\geqq 4, \end{cases}$$

$$Z_{\mathbb{G}_m^{n-1}/\mathbb{F}_1}(-3,n) = \sum_{k=1}^{n}(-1)^{k-1}\binom{n-1}{k-1}k^3 = \begin{cases} 1 & \cdots\ n=1 \\ -7 & \cdots\ n=2 \\ 12 & \cdots\ n=3 \\ -6 & \cdots\ n=4 \\ 0 & \cdots\ n\geqq 5 \end{cases}$$

より

$$\zeta(0) = -\left(1-\frac{1}{2}\right) = -\frac{1}{2},$$

$$\zeta(-1) = -\frac{1}{2}\left(1-\frac{3}{2}+\frac{2}{3}\right) = -\frac{1}{12},$$

$$\zeta(-2) = -\frac{1}{3}\left(1-\frac{7}{2}+\frac{12}{3}-\frac{6}{4}\right) = 0$$

と求まる.

これを進めると, 整数 $m\geqq 1$ に対してオイラーの結果 (1749年)

$$\zeta(1-m) = (-1)^{m-1}\frac{B_m}{m}$$

が示される. ここで, B_m はベルヌイ数である.

第8章

絶対ゼータ関数の研究

　オイラーが絶対ゼータ関数を研究したことは第6章で紹介した．21世紀にオイラーを見るのに旧来のままでは救いが無い．本章では，オイラーの絶対ゼータ関数研究（1774年10月〜1776年8月）が，ずっと先まで至っていたことを見る．これは，オイラーから21世紀数学への挑戦状なのである．

8.1　オイラー論文

　中心となるのは次の論文である：

　"De valore formulae integralis

$$\int \frac{x^{a-1}dx}{\ell x} \cdot \frac{(1-x^b)(1-x^c)}{1-x^n}$$

　a termino $x=0$ usque ad $x=1$ extensae"

　[$x=0$ から $x=1$ までの積分 $\int \frac{x^{a-1}dx}{\ell x} \cdot \frac{(1-x^b)(1-x^c)}{1-x^n}$ の値について] Acta Academiae Scientiarum Petropolitanae 1777：II（1780），p.29–47（E500，1776年8月19日付，全集 I–18，p.51–68）．

　この論文では絶対ゼータ関数の計算（絶対保型形式が円分型のとき）を行っている．

§ 2　$x=0$ から $x=1$ までの積分

$$S = \int \frac{x^{a-1}dx}{\ell x} \cdot \frac{(1-x^b)(1-x^c)}{1-x^n}$$

を考える．［a, b, c, n は自然数としておこう．］

§ 14　$c=b$ と $a=n-b$ が成立するとき

$$S = \int \frac{x^{n-b-1}dx}{\ell x} \cdot \frac{(1-x^b)^2}{1-x^n}$$

は

$$S = \ell \frac{n \sin. \frac{b\pi}{n}}{b\pi}$$

となる．

§ 15

例 1　$a=1,\ b=1,\ c=1,\ n=2$ のとき

$$S = \int \frac{dx}{\ell x} \cdot \frac{1-x}{1+x}$$

であり

$$S = \ell \frac{2}{\pi}$$

となる．これは

$$S = \ell 1 - 2\ell 2 + 2\ell 3 - 2\ell 4 + 2\ell 5 - 2\ell 6 + 2\ell 7 - 2\ell 8 + 2\ell 9 - \text{etc.}$$

とも展開できる．

§ 16　したがって，

$$\ell 1 - \ell 2 + \ell 3 - \ell 4 + \ell 5 - \ell 6 + \ell 7 - \text{etc.} = -\ell \sqrt{\frac{\pi}{2}}$$

が成立する．

第 8 章　絶対ゼータ関数の研究

§ 17

例 2　$a = 2,\ b = 1,\ c = 1,\ n = 3$ のとき

$$S = \int \frac{xdx}{\ell x} \cdot \frac{(1-x)^2}{1-x^3} = \int \frac{xdx}{\ell x} \cdot \frac{1-x}{1+x+xx}$$

であり

$$S = \ell\,\frac{3\sqrt{3}}{2\pi}$$

となる．これは，次の形にも展開できる：

$$S = \ell\,2 - 2\,\ell\,3 + \ell\,4 + \ell\,5 - 2\,\ell\,6 + \ell\,7 + \ell\,8$$
$$- 2\,\ell\,9 + \ell\,10 + \ell\,11 - 2\,\ell\,12 + \ell\,13 + \ell\,14 - \text{etc.}$$

§ 18

例 3　$a = 1,\ b = 2,\ c = 2,\ n = 3$ のとき

$$S = \int \frac{dx}{\ell x} \cdot \frac{(1-xx)^2}{1-x^3} = \int \frac{dx}{\ell x} \cdot \frac{(1-x)(1+x)^2}{1+x+xx}$$

であり

$$S = \ell\,\frac{3\sqrt{3}}{4\pi}$$

となる．これは，次の形にも展開できる：

$$S = \ell\,1 - 2\,\ell\,3 + \ell\,4 + \ell\,5 - 2\,\ell\,6 + \ell\,7 + \ell\,8$$
$$- 2\,\ell\,9 + \ell\,10 + \ell\,11 - \text{etc.}$$

したがって

$$\frac{1 \cdot 5}{3 \cdot 3} \cdot \frac{4 \cdot 8}{6 \cdot 6} \cdot \frac{7 \cdot 11}{9 \cdot 9} \cdot \frac{10 \cdot 14}{12 \cdot 12} \cdot \text{etc.} = \frac{3\sqrt{3}}{4\pi}.$$

§ 19

例 4　　$a = 3,\ b = 1,\ c = 1,\ n = 4$ のとき

129

$$S = \int \frac{xx\,dx}{\ell x} \cdot \frac{(1-x)^2}{1-x^4}$$

$$= \int \frac{xx\,dx}{\ell x} \cdot \frac{1-x}{(1+x)(1+xx)}$$

であり

$$S = \ell\, \frac{2\sqrt{2}}{\pi}$$

となる．これは，次の形にも展開できる：

$$S = \begin{cases} \ell 3 + \ell 7 + \ell 11 + \ell 15 + \text{etc.} \\ -2\ell 4 - 2\ell 8 - 2\ell 12 - \text{etc.} \\ +\ell 5 + \ell 9 + \ell 13 + \text{etc.}\,; \end{cases}$$

したがって，

$$\frac{3 \cdot 5}{4 \cdot 4} \cdot \frac{7 \cdot 9}{8 \cdot 8} \cdot \frac{11 \cdot 13}{12 \cdot 12} \cdot \text{etc.} = \frac{2\sqrt{2}}{\pi}$$

§ 20

例 5 $a = 1$, $b = 3$, $c = 3$, $n = 4$ のとき

$$S = \int \frac{dx}{\ell x} \cdot \frac{(1-x^3)^2}{1-x^4}$$

であり

$$S = \ell\, \frac{2\sqrt{2}}{3\pi}$$

となる．これは，次の形にも展開できる：

$$S = \begin{cases} \ell 1 + \ell 5 + \ell 9 + \ell 13 + \ell 17 + \text{etc.} \\ -2\ell 4 - 2\ell 8 - 2\ell 12 - 2\ell 16 - \text{etc.} \\ +\ell 7 + \ell 11 + \ell 15 + \ell 19 + \text{etc.}\,; \end{cases}$$

したがって

$$\frac{1 \cdot 7}{4 \cdot 4} \cdot \frac{5 \cdot 11}{8 \cdot 8} \cdot \frac{9 \cdot 15}{12 \cdot 12} \cdot \frac{13 \cdot 19}{16 \cdot 16} \cdot \text{etc.} = \frac{2\sqrt{2}}{3\pi}.$$

第 8 章　絶対ゼータ関数の研究

§ 24　　$n = 2a+b+c$ のときは

$$S = \int \frac{dx}{x \, \ell x} \cdot \frac{x^a - x^{a+b} - x^{a+c} + x^{a+b+c}}{1 - x^{2a+b+c}}$$

は

$$S = \ell \sin. \frac{a\pi}{2a+b+c} - \ell \sin. \frac{(a+b)\pi}{2a+b+c}$$

となる.

§ 25　　$$S = \int \frac{dx}{x \ell x} \cdot \frac{x^p - x^q - x^{2r-q} + x^{2r-p}}{1 - x^{2r}}$$

は

$$S = \ell \sin. \frac{p\pi}{2r} - \ell \sin. \frac{q\pi}{2r}$$

となる. [§24 において, $p = a,\ q = a+b,\ r = \dfrac{2a+b+c}{2}$ とする.]

§ 26　　$$S = \int \frac{dx}{x \, \ell x} \cdot \frac{x^{r-p} - x^{r-q} - x^{r+q} + x^{r+p}}{1 - x^{2r}}$$

は

$$S = \ell \cos. \frac{p\pi}{2r} - \ell \cos. \frac{q\pi}{2r}$$

となる. [§24 において, $a = r-p,\ b = p-q,\ c = p+q$ とする.]

§ 33　　$$\int \frac{dx}{x \, \ell x} \cdot \frac{x^{r-p} - 2x^r + x^{r+p}}{1 - x^{2r}} = \ell \cos. \frac{p\pi}{2r}$$

であり [§26 で $q = 0$ とする],

$$\int \frac{dx}{x \, \ell x} \cdot \frac{x^p - 2x^r + x^{2r-p}}{1 - x^{2r}} = \ell \sin. \frac{p\pi}{2r}$$

である [§25 で $q = r$ とする]. よって

131

$$\int \frac{dx}{x\,\ell x} \cdot \frac{x^p - x^{r-p} - x^{r+p} + x^{2r-p}}{1 - x^{2r}} = \ell\,\mathrm{tang}.\frac{p\pi}{2r}.$$

つまり

$$\int \frac{dx}{x\,\ell x} \cdot \frac{x^p - x^{r-p}}{1 + x^r} = \ell\,\mathrm{tang}.\frac{p\pi}{2r}.$$

8.2 オイラー論文の解説

1776 年 8 月 19 日付のオイラーの論文 E500 は驚くべき論文であり，241 年前にオイラーは 21 世紀に行われる絶対ゼータ関数論をマスターしてしまっていることがわかる．

最近，囲碁や将棋では人工知能が現代名人を上回ってきたようで，良い手を指されても人間には理解できない程になっている．現代人がどのように挑戦したら良いのかの方策が模索されている．数学では，いまのところ強力な数学人工知能は出来ていない．そこで，現代数学者が挑戦するとすればオイラーこそがふさわしい．オイラーの論文は，はじめは，何をやっているのかわからないのが普通である．しかし，何らかの有効な結果が得られてくると，本当の理由が知りたくなる．できれば，そこを超えたいものである．もちろん，E500 の場合に「定積分の計算だな」とぼんやり見ているだけでは，オイラーに完敗である．

オイラーの論文 E500 の場合は，単行本

黒川信重『絶対ゼータ関数論』岩波書店，2016 年 1 月

および

黒川信重『絶対数学原論』現代数学社，2016 年 8 月

を手にすれば，オイラーと充分に戦うことができる．

第 8 章　絶対ゼータ関数の研究

　この解説は練習問題を解きながら読んでほしい．オイラーの結果を絶対ゼータ関数論の見地から簡単に述べておこう．

　自然数 a, b, c, n に対して絶対保型形式（円分型）

$$f(x) = \frac{(1-x^{-b})(1-x^{-c})}{1-x^{-n}}$$

を考えると，その絶対ゼータ関数は

$$\zeta_f(s) = \frac{\Gamma(\frac{s}{n})\Gamma(\frac{s+b+c}{n})}{\Gamma(\frac{s+b}{n})\Gamma(\frac{s+c}{n})}$$

であり，

$$\zeta_f(a) = \frac{\Gamma(\frac{a}{n})\Gamma(\frac{a+b+c}{n})}{\Gamma(\frac{a+b}{n})\Gamma(\frac{a+c}{n})}$$

となる．さらに，

$$\int_0^1 \frac{x^{a-1}(1-x^b)(1-x^c)}{(1-x^n)\log x}\,dx = -\log\zeta_f(a) = \log\frac{\Gamma(\frac{a+b}{n})\Gamma(\frac{a+c}{n})}{\Gamma(\frac{a}{n})\Gamma(\frac{a+b+c}{n})}$$

となる．これが，オイラーの基本的な結果である（原文では§10 にそれに当たる記述がある）．

　特別な場合として 3 つあげる．

(1)　$a = n-b$ と $c = b$ がみたされているとき（E500 の §14 〜 §20）

$$\int_0^1 \frac{x^{a-1}(1-x^b)(1-x^c)}{(1-x^n)\log x}\,dx = \log\Big(\sin\Big(\frac{\pi b}{n}\Big)\Big/\frac{\pi b}{n}\Big)$$

$$= \log\Big(\sin\Big(\frac{\pi a}{n}\Big)\Big/\pi\Big(1-\frac{a}{n}\Big)\Big)$$

(2)　$n = 2a+b+c$ のとき（E500 の §24）は

$$\int_0^1 \frac{x^{a-1}(1-x^b)(1-x^c)}{(1-x^n)\log x}\,dx$$

$$= \log\Big(\sin\Big(\frac{a\pi}{2a+b+c}\Big)\Big/\sin\Big(\frac{(a+b)\pi}{2a+b+c}\Big)\Big).$$

(3)　$c = n$ のきは

133

$$\int_0^1 \frac{x^{a-1}(1-x^b)}{\log x}\, dx = \log\!\left(\frac{a}{a+b}\right)$$

となり，第6章で扱ったものとなる．

これらの証明は練習問題および解答を見られたい．

さて，E500に関連する論文として，E521（I-18，p.69-82），E464（I-17，p.421-457），E463（I-17，p.384-420）から少し抜き出しておこう．ただし，現代的表記にする．

———————•———————

E521 これは1775年と1776年のオイラーからコンドルセへの手紙である．

定理 $$\int_0^1 \frac{x^m - x^n}{\log x} \cdot \frac{dx}{x} = \log\!\left(\frac{m}{n}\right).$$

証明 $Q = x^y$ とおくと

$$\int_0^n Q\,dy = \frac{x^n - 1}{\log x}$$

である．したがって，

$$Z = \int_0^1 \frac{(x^n - 1)dx}{\log x}$$

とおくと［Z は絶対ゼータ関数（の対数）である！］

$$Z = \int_0^1 \left(\int_0^n Q\,dy\right)dx$$

$$= \int_0^n \left(\int_0^1 Q\,dx\right)dy$$

$$= \int_0^n \frac{dy}{y+1}$$

$$= \log(n+1).$$

よって，

134

第 8 章　絶対ゼータ関数の研究

$$\int_0^1 \frac{x^m - x^n}{\log x} \cdot \frac{dx}{x} = \log\left(\frac{m}{n}\right). \qquad \textbf{（証明終）}$$

この方法の要点は，2 変数化して積分を求めるところにある．

————————— • —————————

E464　論文のタイトルは「積分を定量的に決定する新方法」
である（1774 年 10 月 10 日付：243 = 3·3·3·3·3 年前）.

§ 22
$$\int_0^1 \frac{(z^m - z^n)dz}{\log z} = \log\left(\frac{m+1}{n+1}\right).$$

§ 23
$$\int_0^1 \frac{(n-k)z^m - (m-k)z^n + (m-n)z^k}{(\log z)^2}\,dz$$
$$= \begin{cases} +(m+1)(n-k)\log(m+1) \\ -(n+1)(m-k)\log(n+1) \\ +(k+1)(m-n)\log(k+1). \end{cases}$$

§ 24

Ⅰ．$\displaystyle\int_0^1 \frac{(z-1)^2\,dz}{(\log z)^2} = \log\left(\frac{27}{16}\right).$　$[m=2,\ n=1,\ k=0]$

Ⅱ．$\displaystyle\int_0^1 \frac{(z-1)^2\,(z+2)dz}{(\log z)^2} = \log 4.$　$[m=3,\ n=1,\ k=0]$

Ⅲ．$\displaystyle\int_0^1 \frac{(z-1)^2\,(2z+1)dz}{(\log z)^2} = \log\left(\frac{4^8}{3^9}\right).$　$[m=3,\ n=2,\ k=0]$

Ⅳ．$\displaystyle\int_0^1 \frac{(z-1)^2\,z\,dz}{(\log z)^2} = \log\left(\frac{2^{10}}{3^6}\right).$　$[m=3,\ n=2,\ k=1]$

135

§ 27

定理

$$P = Az^\alpha + Bz^\beta + Cz^\gamma + Dz^\delta + \text{etc.}$$

において係数の和［$z=1$ での P の値］

$$A+B+C+D+\text{etc.} = 0$$

なら

$$\int_0^1 \frac{Pdz}{\log z} = A\log(\alpha+1) + B\log(\beta+1)$$
$$+ C\log(\gamma+1) + D\log(\delta+1) + \text{etc.}$$

定理・証明は第 6 章の（B）を見よ.

§ 30
$$\int_0^1 \frac{-z^{n-u-1} + z^{n+u-1}}{1+z^{2n}} \cdot \frac{dz}{\log z} = -\log\left(\tan\frac{\pi(n-u)}{4n}\right)$$
$$= +\log\left(\tan\frac{\pi(n+u)}{4n}\right).$$

・

E463　論文のタイトルは「積分 $\displaystyle\int_0^1 \frac{z^{\lambda-\omega} \pm z^{\lambda+\omega}}{1 \pm z^{2\lambda}} \cdot \frac{(\log z)^k}{z} dz$ の

値について」である.

$$\int_0^1 \frac{z^{m-1} + z^{n-m-1}}{1+z^n} dz = \frac{\pi}{n\sin\frac{m\pi}{n}}$$
$$= \frac{1}{m} + \frac{1}{n-m} - \frac{1}{n+m} - \frac{1}{2n-m}$$
$$+ \frac{1}{2n+m} + \frac{1}{3n-m} - \text{etc.}$$

$$\int_0^1 \frac{z^{m-1} - z^{n-m-1}}{1-z^n} dz = \frac{\pi}{n\tan\frac{m\pi}{n}}$$
$$= \frac{1}{m} - \frac{1}{n-m} + \frac{1}{n+m} - \frac{1}{2n-m}$$
$$+ \frac{1}{2n+m} - \frac{1}{3n-m} + \text{etc.}$$

第 8 章　絶対ゼータ関数の研究

§ 10

I．$\displaystyle\int_0^1 \frac{\log z\, dz}{1+z} = -\frac{\pi^2}{12}.$

II．$\displaystyle\int_0^1 \frac{\log z\, dz}{1-z} = -\frac{\pi^2}{6}.$

　　応用として，　$1 + \dfrac{1}{4} + \dfrac{1}{9} + \dfrac{1}{16} + \dfrac{1}{25} + \text{etc.} = \dfrac{\pi^2}{6}.$

III．$\displaystyle\int_0^1 \frac{\log z\, dz}{1-z^2} = -\frac{\pi^2}{8}.$

IV．$\displaystyle\int_0^1 \frac{z \log z\, dz}{1-z^2} = -\frac{\pi^2}{24}.$

§ 16

$$\int_0^1 \frac{(\log z)^2 dz}{1+z^2} = \frac{\pi^3}{16} = 2\left(\frac{1}{1^3} - \frac{1}{3^3} + \frac{1}{5^3} - \frac{1}{7^3} + \frac{1}{9^3} - \frac{1}{11^3} + \text{etc.}\right).$$

したがって，

$$\frac{1}{1^3} - \frac{1}{3^3} + \frac{1}{5^3} - \frac{1}{7^3} + \frac{1}{9^3} - \frac{1}{11^3} + \text{etc.} = \frac{\pi^3}{32}.$$

§ 17

$$\int_0^1 \frac{(1+z^2)(\log z)^2 dz}{1+z^4} = \frac{3\pi^3}{32\sqrt{2}}$$

$$= 2\left(\frac{1}{1^3} + \frac{1}{3^3} - \frac{1}{5^3} - \frac{1}{7^3} + \frac{1}{9^3} + \frac{1}{11^3} - \text{etc.}\right)$$

したがって，

$$\frac{1}{1^3} + \frac{1}{3^3} - \frac{1}{5^3} - \frac{1}{7^3} + \frac{1}{9^3} + \frac{1}{11^3} - \text{etc.} = \frac{3\pi^3}{64\sqrt{2}}.$$

§ 42　　$\displaystyle\int_0^1 \frac{-z^{\lambda-\omega} + z^{\lambda+\omega}}{1+z^{2\lambda}} \cdot \frac{dz}{z \log z} = \log\left(\tan \frac{\pi(\lambda+\omega)}{4\lambda}\right).$

$\boxed{\S\,44}$ $\lambda = 3,\ \omega = 1$ のときの応用：

$$\sqrt{3} = \frac{2\cdot 4}{1\cdot 5}\cdot\frac{8\cdot 10}{7\cdot 11}\cdot\frac{14\cdot 16}{13\cdot 17}\cdot\text{etc.}$$

［次の部分については発散の問題があり，次章にコメントする．］

$\boxed{\S\,45}$ $$\int_0^1 \frac{z^{\lambda-\omega}+z^{\lambda+\omega}}{1-z^{2\lambda}}\cdot\frac{dz}{z\log z} = \log\!\left(\cos\frac{\pi\omega}{2\lambda}\right).$$

$\boxed{\S\,47}$ $\lambda = 2,\ \omega = 1$ のときの応用：

$$\sqrt{2} = \frac{2\cdot 2}{1\cdot 3}\cdot\frac{6\cdot 6}{5\cdot 7}\cdot\frac{10\cdot 10}{9\cdot 11}\cdot\frac{14\cdot 14}{13\cdot 15}\cdot\text{etc.}$$

$\boxed{8.3}$　練習問題

=== 練習問題 1 ===

a, b, c, n は自然数とする．絶対保型形式

$$f(x) = \frac{(1-x^{-b})(1-x^{-c})}{1-x^{-n}}$$

を考える．次を示せ．

(1) $\zeta_f(s) = \dfrac{\Gamma(\frac{s}{n})\Gamma(\frac{s+b+c}{n})}{\Gamma(\frac{s+b}{n})\Gamma(\frac{s+c}{n})}.$

(2) $\displaystyle\int_0^1 \frac{x^{a-1}(1-x^b)(1-x^c)}{(1-x^n)\log x}\,dx = -\log\zeta_f(a).$

(3) $\displaystyle\int_0^1 \frac{x^{a-1}(1-x^b)(1-x^c)}{(1-x^n)\log x}\,dx = \log\frac{\Gamma(\frac{a+b}{n})\Gamma(\frac{a+c}{n})}{\Gamma(\frac{a}{n})\Gamma(\frac{a+b+c}{n})}.$

第 8 章　絶対ゼータ関数の研究

［**解答**］

(1)
$$f(x) = \frac{1 - x^{-b} - x^{-c} + x^{-b-c}}{1 - x^{-n}}$$

より

$$\begin{aligned}
Z_f(w, s) &= \frac{1}{\Gamma(w)} \int_1^\infty f(x) x^{-s-1} (\log x)^{w-1} dx \\
&= \zeta_1(w, s, (n)) - \zeta_1(w, s+b, (n)) \\
&\qquad - \zeta_1(w, s+c, (n)) + \zeta_1(w, s+b+c, (n))
\end{aligned}$$

となるので

$$\begin{aligned}
\zeta_f(s) &= \exp\left(\frac{\partial}{\partial w} Z_f(w, s) \Big|_{w=0} \right) \\
&= \frac{\Gamma_1(s, (n)) \Gamma_1(s+b+c, (n))}{\Gamma_1(s+b, (n)) \Gamma_1(s+c, (n))} \\
&= \frac{\Gamma(\frac{s}{n}) \Gamma(\frac{s+b+c}{n})}{\Gamma(\frac{s+b}{n}) \Gamma(\frac{s+c}{n})}
\end{aligned}$$

を得る. ただし,

$$\Gamma_1(s, (\omega)) = \frac{\Gamma(\frac{s}{\omega})}{\sqrt{2\pi}} \cdot \omega^{\frac{s}{\omega} - \frac{1}{2}}$$

を用いている.

(2)
$$\begin{aligned}
\int_0^1 &\frac{x^{a-1}(1-x^b)(1-x^c)}{(1-x^n)\log x} dx \\
&\overset{x=u^{-1}}{=} - \int_1^\infty \frac{(1-u^{-b})(1-u^{-c})u^{-a-1}}{(1-u^{-n})\log u} du \\
&= -\log \zeta_f(a).
\end{aligned}$$

ただし, $f(1) = 0$ を用いている.

(3) (1) と (2) より

$$\int_0^1 \frac{x^{a-1}(1-x^b)(1-x^c)}{(1-x^n)\log x} dx = \log \frac{\Gamma(\frac{a+b}{n})\Gamma(\frac{a+c}{n})}{\Gamma(\frac{a}{n})\Gamma(\frac{a+b+c}{n})}.$$

［**解答終**］

═══ **練習問題 2** ═══

自然数 a, b, c, n が $a = n - b,\ c = b$ をみたすとき等式

$$\int_0^1 \frac{x^{a-1}(1-x^b)(1-x^c)}{(1-x^n)\log x}\,dx = \log\Big(\sin\Big(\frac{\pi b}{n}\Big)\Big/\frac{\pi b}{n}\Big)$$

$$= \log\Big(\sin\Big(\frac{\pi a}{n}\Big)\Big/\pi\Big(1-\frac{a}{n}\Big)\Big)$$

を示せ.

[**解答**]　練習問題 1 より

$$\int_0^1 \frac{x^{a-1}(1-x^b)(1-x^c)}{(1-x^n)\log x}\,dx = \log\frac{\Gamma(\frac{a+b}{n})\Gamma(\frac{a+c}{n})}{\Gamma(\frac{a}{n})\Gamma(\frac{a+b+c}{n})}$$

である. ここで, $a = n - b$ と $c = b$ を用いれば

$$\frac{\Gamma(\frac{a+b}{n})\Gamma(\frac{a+c}{n})}{\Gamma(\frac{a}{n})\Gamma(\frac{a+b+c}{n})} = \frac{\Gamma(1)^2}{\Gamma(\frac{n-b}{n})\Gamma(\frac{n+b}{n})}$$

$$= \frac{1}{\Gamma(1-\frac{b}{n})\Gamma(\frac{b}{n})\frac{b}{n}}$$

$$= \frac{\sin(\frac{\pi b}{n})}{\pi}\cdot\frac{n}{b}$$

$$= \sin\Big(\frac{\pi b}{n}\Big)\Big/\frac{\pi b}{n}.$$

よって, このとき

$$\int_0^1 \frac{x^{a-1}(1-x^b)(1-x^c)}{(1-x^n)\log x}\,dx = \log\Big(\sin\Big(\frac{\pi b}{n}\Big)\Big/\frac{\pi b}{n}\Big)$$

$$= \log\Big(\sin\Big(\frac{\pi a}{n}\Big)\Big/\pi\Big(1-\frac{a}{n}\Big)\Big).$$

また, 練習問題 1 の $f(x)$ に対して

$$\zeta_f(a) = \frac{\pi b}{n}\Big/\sin\Big(\frac{\pi b}{n}\Big)$$

$$= \pi\Big(1-\frac{a}{n}\Big)\Big/\sin\Big(\frac{\pi a}{n}\Big).$$　　[解答終]

第 8 章 絶対ゼータ関数の研究

=== 練習問題 3 ===

自然数 a, b, c, n が $n = 2a + b + c$ をみたすとき

$$\int_0^1 \frac{x^{a-1}(1-x^b)(1-x^c)}{(1-x^n)\log x}\,dx = \log\left(\frac{\sin\frac{a\pi}{n}}{\sin\frac{(a+b)\pi}{n}}\right)$$

を示せ.

[**解答**] 練習問題 1 において

$$\frac{\Gamma(\frac{a+b}{n})\Gamma(\frac{a+c}{n})}{\Gamma(\frac{a}{n})\Gamma(\frac{a+b+c}{n})} = \frac{\Gamma(\frac{a+b}{n})\Gamma(1-\frac{a+b}{n})}{\Gamma(\frac{a}{n})\Gamma(1-\frac{a}{n})}$$

$$= \frac{\sin\frac{a\pi}{n}}{\sin\frac{(a+b)\pi}{n}}$$

となるので示された. [**解答終**]

=== 練習問題 4 ===

a, b を自然数とする. 絶対保型形式

$$g(x) = 1 - x^{-b}$$

を考える. 次を示せ.

(1) $\zeta_g(s) = \dfrac{s+b}{s}$.

(2) $\displaystyle\int_0^1 \frac{x^{a-1}(1-x^b)}{\log x}\,dx = -\zeta_g(a)$.

(3) $\displaystyle\int_0^1 \frac{x^{a-1}(1-x^b)}{\log x}\,dx = \log\left(\dfrac{a}{a+b}\right)$.

[**解答**]

(1) $$Z_g(w, s) = \frac{1}{\Gamma(w)}\int_1^\infty g(x)x^{-s-1}(\log x)^{w-1}dx$$

$$= s^{-w} - (s+b)^{-w}$$

より

141

$$\zeta_g(s) = \frac{s+b}{s}.$$

(2)
$$\int_0^1 \frac{x^{a-1}(1-x^b)}{\log x}\,dx \overset{x=u^{-1}}{=} -\int_1^\infty \frac{(1-u^{-b})u^{-a-1}}{\log u}\,du$$
$$= -\log \zeta_g(a).$$

ただし，$g(1)=0$ を用いた．

(3) (1) と (2) より従う． ［解答終］

═══ **練習問題 5** ═══

自然数 $m < n$ に対して絶対保型形式

$$h(x) = \frac{x^{-m}-x^m}{1+x^{-2n}}$$

を考える．次を示せ．

(1) $\zeta_h(s) = \dfrac{\Gamma(\frac{s+m}{4n})\Gamma(\frac{s-m+2n}{4n})}{\Gamma(\frac{s-m}{4n})\Gamma(\frac{s+m+2n}{4n})}.$

(2) $\displaystyle\int_0^1 \frac{x^{n+m-1}-x^{n-m-1}}{(1+x^{2n})\log x}\,dx = -\log \zeta_h(n).$

(3) $\displaystyle\int_0^1 \frac{x^{n+m-1}-x^{n-m+1}}{(1+x^{2n})\log x}\,dx$

$\qquad = -\log\left(\tan \dfrac{(n-m)\pi}{4n}\right).$

───────────────

［**解答**］

(1) $h(x) = \dfrac{(x^{-m}-x^m)(1-x^{-2n})}{1-x^{-4n}}$

$\qquad = \dfrac{x^{-m}-x^m-x^{-m-2n}+x^{m-2n}}{1-x^{-4n}}$

より

第 8 章　絶対ゼータ関数の研究

$$Z_h(w,s) = \zeta_1(w,s+m,(4n)) - \zeta_1(w,s-m,(4n))$$
$$-\zeta_1(w,s+m+2n,(4n))$$
$$+\zeta_1(w,s-m+2n,(4n))$$

となるので

$$\zeta_h(s) = \frac{\Gamma_1(s+m,(4n))\Gamma_1(s-m+2n,(4n))}{\Gamma_1(s-m,(4n))\Gamma_1(s+m+2n,(4n))}$$

$$= \frac{\Gamma(\frac{s+m}{4n})\Gamma(\frac{s-m+2n}{4n})}{\Gamma(\frac{s-m}{4n})\Gamma(\frac{s+m+2n}{4n})}$$

である.

(2)　$$\int_0^1 \frac{x^{n+m-1}-x^{n-m-1}}{(1+x^{2n})\log x}\,dx \overset{x=u^{-1}}{=} -\int_0^\infty \frac{u^{-n-m-1}-u^{-n+m-1}}{(1+u^{-2n})\log u}\,du$$

$$= -\log\zeta_h(n)$$

となる. ただし, $h(1)=0$ を用いている.

(3)　(2) より

$$\zeta_h(n) = \tan\frac{(n-m)\pi}{4n}$$

を示せばよい. ここで, (1) より

$$\zeta_h(n) = \frac{\Gamma(\frac{n+m}{4n})\Gamma(\frac{3n-m}{4n})}{\Gamma(\frac{n-m}{4n})\Gamma(\frac{3n+m}{4n})}$$

$$= \frac{\Gamma(\frac{n+m}{4n})\Gamma(1-\frac{n+m}{4n})}{\Gamma(\frac{n-m}{4n})\Gamma(1-\frac{n-m}{4n})}$$

$$= \frac{\sin\frac{(n-m)\pi}{4n}}{\sin\frac{(n+m)\pi}{4n}}$$

$$= \tan\frac{(n-m)\pi}{4n}$$

となって示された.　　　　　　　　　　　　　　　　　　　[**解答終**]

このようにして, オイラーが絶対ゼータ関数の特殊値を研究した様子が見えてくる.

第9章

絶対ゼータ関数論の発展

オイラーのゼータ関数論と言えば「特殊値表示・オイラー積・関数等式」という三大研究が定番であり，内容もひととおりは知られている．その伝統では，オイラー全集のⅠ-14巻とⅠ-15巻を押さえておけば充分であった．しかし，それは昔（19世紀・20世紀）の話である．21世紀には「絶対ゼータ関数論」を扱ったⅠ-17巻とⅠ-18巻に移るのであるが，そのことは研究者も知らない．絶対ゼータ関数を知らないのだから無理もないのだろうが，数学史を誤認している．

9.1 オイラー論文

本章は，論文

"Speculationes analyticae"［解析的考察］Novi Commentarii Academiae Scientiarum Petropolitanae **20**（1776），p.59 - 79（E475, 1774 年 12 月 8 日付，全集Ⅰ-18, p.1-22）

を中心に紹介する．絶対ゼータ関数論の展開である．

§1

> **定理 1**　$x=0$ から $x=1$ までの積分について
>
> $$\int \frac{dx \sin. n\ell x}{\ell x} = A \tan. n.$$
>
> ［ただし，$A\tan.$ はアークタンジェント（逆正接）である.］
> とくに，$n=1$ のときは
>
> $$\int \frac{dx \sin. \ell x}{\ell x} = \frac{\pi}{4}$$
>
> となる.

§2　**証明**　無限級数展開

$$\sin. n\ell x = \frac{n\ell x}{1} - \frac{n^3 (\ell x)^3}{1 \cdot 2 \cdot 3} + \frac{n^5 (\ell x)^5}{1 \cdot 2 \cdot 3 \cdot 4 \cdot 5} - \text{etc.}$$

より

$$\int \frac{dx \sin. n\ell x}{\ell x} = \int dx \left(n - \frac{n^3 (\ell x)^2}{1 \cdot 2 \cdot 3} + \frac{n^5 (\ell x)^4}{1 \cdot 2 \cdot 3 \cdot 4 \cdot 5} - \text{etc.} \right)$$

となる．ここで，［不定積分］

$$\int dx (\ell x)^2 = x(\ell x)^2 - 2 \int dx \ell x$$
$$= x(\ell x)^2 - 2x\ell x + 2 \cdot 1 x$$

において $x=1$ とおくと $2 \cdot 1$ であり，同様に

$$\int dx (\ell x)^4 = x(\ell x)^4 - 4 \int dx (\ell x)^3$$
$$= x(\ell x)^4 - 4x(\ell x)^3 + 4 \cdot 3 \int dx (\ell x)^2$$

において $x=1$ とすると $4 \cdot 3 \cdot 2 \cdot 1$ となる．さらに，［定積分］

$$\int dx (\ell x)^6 = 6 \cdot 5 \cdot 4 \cdot 3 \cdot 2 \cdot 1$$

などを得る．したがって，積分値は

$$\int \frac{dx \sin. n\ell x}{\ell x} = n - \frac{2 \cdot 1 n^3}{1 \cdot 2 \cdot 3} + \frac{4 \cdot 3 \cdot 2 \cdot 1 n^5}{1 \cdot 2 \cdot 3 \cdot 4 \cdot 5} - \frac{6 \cdots 1 n^7}{1 \cdots 7} + \text{etc.}$$
$$= n - \frac{n^3}{3} + \frac{n^5}{5} - \frac{n^7}{7} + \text{etc.}$$

第9章　絶対ゼータ関数論の発展

となる．これは $A\,\mathrm{tang}.n$ である．

§3　$\displaystyle\int \frac{dx\cos.\,n\ell x}{\ell x}$ の場合は

$$\cos.\,n\ell x = 1 - \frac{nn(\ell x)^2}{1\cdot 2} + \frac{n^4\,(\ell x)^4}{1\cdot 2\cdot 3\cdot 4} - \frac{n^6\,(\ell x)^6}{1\cdot 2\cdot 3\cdot 4\cdot 5\cdot 6} + \mathrm{etc.}$$

を用いると

$$\int \frac{dx\cos.\,n\ell x}{\ell x} = \int \frac{dx}{\ell x} + \frac{nn}{2} - \frac{n^4}{4} + \frac{n^6}{6} - \frac{n^8}{8} + \mathrm{etc.}$$
$$= \int \frac{dx}{\ell x} + \frac{1}{2}\,\ell(1+nn)$$

となる．よって，n を m にしたものを引いて

$$\int \frac{dx(\cos.\,n\ell x - \cos.\,m\ell x)}{\ell x} = \frac{1}{2}\,\ell\,\frac{1+nn}{1+mm}$$

を得る．

§4

定理2　$x=0$ から $x=1$ までの積分について

$$\int \frac{dx}{\ell x}\sin.\,p\ell x\,\sin.\,q\ell x = \frac{1}{4}\,\ell\,\frac{1+(p-q)^2}{1+(p+q)^2}.$$

証明1

$$\cos.\,n\ell x - \cos.\,m\ell x = 2\sin.\,\frac{m+n}{2}\ell x\,\sin.\,\frac{m-n}{2}\ell x$$

に対して

$$\int \frac{dx(\cos.\,n\ell x - \cos.\,m\ell x)}{\ell x} = \frac{1}{2}\,\ell\,\frac{1+nn}{1+mm}$$

を用いると

$$\int dx \frac{\sin.\,\frac{m+n}{2}\ell x\,\sin.\,\frac{m-n}{2}\ell x}{\ell x} = \frac{1}{4}\,\ell\,\frac{1+nn}{1+mm}$$

となる．よって，$m=p+q$, $n=p-q$ とすることにより定理2
を得る．

147

§5

証明 2
$$\int \frac{dx}{\ell x}\,(x^\alpha - x^\beta)(x^\gamma - x^\delta)$$

は

$$\int \frac{dx}{\ell x}\,(x^{\alpha+\gamma} - x^{\beta+\gamma}) - \int \frac{dx}{\ell x}\,(x^{\alpha+\delta} - x^{\beta+\delta})$$

となるので，［オイラーの公式より］

$$\int \frac{dx}{\ell x}\,(x^\alpha - x^\beta)(x^\gamma - x^\delta) = \ell\left(\frac{\alpha+\gamma+1}{\beta+\gamma+1}\right) - \ell\left(\frac{\alpha+\delta+1}{\beta+\delta+1}\right)$$

$$= \ell\,\frac{(\alpha+\gamma+1)(\beta+\delta+1)}{(\beta+\gamma+1)(\alpha+\delta+1)}$$

を得る．ここで

$$\alpha = p\sqrt{-1},\ \beta = -p\sqrt{-1},$$
$$\gamma = q\sqrt{-1},\ \delta = -q\sqrt{-1}$$

とおくと

$$x^\alpha - x^\beta = 2\sqrt{-1}\,\sin.\,p\ell x,$$
$$x^\gamma - x^\delta = 2\sqrt{-1}\,\sin.\,q\ell x$$

より積分は

$$-4\int \frac{dx}{\ell x}\,\sin.\,p\ell x\,\sin.\,q\ell x$$

である．また

$$\alpha+\gamma+1 = 1+(p+q)\sqrt{-1},$$
$$\beta+\delta+1 = 1-(p+q)\sqrt{-1},$$
$$\beta+\gamma+1 = 1+(q-p)\sqrt{-1},$$
$$\alpha+\delta+1 = 1+(p-q)\sqrt{-1}$$

より積分値は

$$\ell\left(\frac{1+(p+q)^2}{1+(p-q)^2}\right) = -\ell\left(\frac{1+(p-q)^2}{1+(p+q)^2}\right)$$

第 9 章　絶対ゼータ関数論の発展

となる. よって

$$\int \frac{dx}{\ell x} \sin. p\ell x \sin. q\ell x = \frac{1}{4}\,\ell\left(\frac{1+(p-q)^2}{1+(p+q)^2}\right).$$

§ 6

定理 3　$x=0$ から $x=1$ までの積分について

$$\int \frac{dx}{\ell x} \sin. p\ell x \cos. q\ell x = \frac{1}{2}A\,\text{tang.}\frac{2p}{1-pp+qq}.$$

証明 1
$$\int \frac{dx}{\ell x}(x^\alpha - x^\beta)(x^\gamma + x^\delta) = \ell\,\frac{\alpha+\gamma+1}{\beta+\gamma+1} + \ell\,\frac{\alpha+\delta+1}{\beta+\delta+1}$$
$$= \ell\,\frac{(\alpha+\gamma+1)(\alpha+\delta+1)}{(\beta+\gamma+1)(\beta+\delta+1)}$$

において

$$\alpha = p\sqrt{-1},\ \beta = -p\sqrt{-1},$$
$$\gamma = q\sqrt{-1},\ \delta = -q\sqrt{-1}$$

とおくと

$$x^\alpha - x^\beta = 2\sqrt{-1}\cdot\sin. p\ell x,$$
$$x^\gamma + x^\delta = 2\cos. q\ell x$$

であるから, 積分は

$$4\sqrt{-1}\cdot\int \frac{dx}{\ell x}\sin. p\ell x \cos. q\ell x$$

である. 一方,

$$\alpha+\gamma+1 = 1+(p+q)\sqrt{-1},$$
$$\alpha+\delta+1 = 1+(p-q)\sqrt{-1},$$
$$\beta+\gamma+1 = 1+(q-p)\sqrt{-1},$$
$$\beta+\delta+1 = 1-(p+q)\sqrt{-1}$$

より積分値は

149

$$\ell \, \frac{1+(p+q)\sqrt{-1}}{1-(p+q)\sqrt{-1}} \cdot \frac{1+(p-q)\sqrt{-1}}{1-(p-q)\sqrt{-1}}$$

$$= \ell \, \frac{1+(p+q)\sqrt{-1}}{1-(p+q)\sqrt{-1}} + \ell \, \frac{1+(p-q)\sqrt{-1}}{1-(p-q)\sqrt{-1}}$$

となる．ここで，

$$\ell \, \frac{1+(p+q)\sqrt{-1}}{1-(p+q)\sqrt{-1}} = 2\sqrt{-1} \cdot A \, \text{tang.} \, (p+q),$$

$$\ell \, \frac{1+(p-q)\sqrt{-1}}{1-(p-q)\sqrt{-1}} = 2\sqrt{-1} \cdot A \, \text{tang.} \, (p-q)$$

であることから

$$\int \frac{dx}{\ell x} \, \text{sin.} \, p\ell x \, \text{cos.} \, q\ell x = \frac{1}{2} A \, \text{tang.} \, (p+q) + \frac{1}{2} A \, \text{tang.} \, (p-q)$$

を得る．さらに，

$$A \, \text{tang.} \, a + A \, \text{tang.} \, b = A \, \text{tang.} \, \frac{a+b}{1-ab}$$

を用いることにより，結果は

$$\frac{1}{2} A \, \text{tang.} \, \frac{2p}{1-pp+qq}$$

となる．

§ 7

証明 2　$\text{sin.} \, a \, \text{cos.} \, b = \frac{1}{2} \text{sin.} \, (a+b) + \frac{1}{2} \text{sin.} \, (a-b)$

を使うと積分は

$$\frac{1}{2} \int \frac{dx}{\ell x} \, \text{sin.} \, (p+q)\ell x + \frac{1}{2} \int \frac{dx}{\ell x} \, \text{sin.} \, (p-q)\ell x$$

となるので，定理 1 より

$$\frac{1}{2} A \, \text{tang.} \, (p+q) + \frac{1}{2} A \, \text{tang.} \, (p-q)$$

となる．

第 9 章　絶対ゼータ関数論の発展

§8

> **定理 4**　$x = 0$ から $x = 1$ の積分について
> $$\int \frac{dx}{\ell x}\, x^m \sin. n\ell x = A \tan. \frac{n}{m+1}.$$

証明 1　公式［オイラー］

$$\int \frac{dx}{\ell x}\,(x^\alpha - x^\beta) = \ell\,\frac{\alpha+1}{\beta+1}$$

において

$$\alpha = m + n\sqrt{-1},\ \beta = m - n\sqrt{-1}$$

とおくと

$$x^\alpha - x^\beta = x^m \left(x^{n\sqrt{-1}} - x^{-n\sqrt{-1}}\right)$$
$$= 2\sqrt{-1}\cdot x^m \sin. n\ell x$$

であり

$$\frac{\alpha+1}{\beta+1} = \frac{1+m+n\sqrt{-1}}{1+m-n\sqrt{-1}}$$

となるが，k を $n = k(m+1)$ ととると

$$\frac{\alpha+1}{\beta+1} = \frac{1+k\sqrt{-1}}{1-k\sqrt{-1}}$$

なので，積分値は

$$\ell\,\frac{\alpha+1}{\beta+1} = \ell\,\frac{1+k\sqrt{-1}}{1-k\sqrt{-1}}$$
$$= 2\sqrt{-1}\cdot A \tan. k$$
$$= 2\sqrt{-1}\cdot A \tan. \frac{n}{m+1}$$

である．

§9 証明2

積分において $x^{m+1} = y$ とおくと

$$x^m\,dx = \frac{dy}{m+1},$$

$$\ell x = \frac{\ell y}{m+1}$$

であるから，積分は

$$\int \frac{dy}{\ell y} \sin. \frac{n}{m+1} \ell y$$

となる．この積分も $y=0$ から $y=1$ までの積分である．よっ
て，定理1から積分値は $A\tan. \dfrac{n}{m+1}$ となる．

9.2 オイラー論文の解説

オイラーの定理1の言っていることは，
$[n>0$ に対して$]$

$$\int_0^1 \frac{\sin(n\log x)}{\log x}\,dx = \arctan(n)$$

である．とくに，$n=1$ として簡明な結果

$$\int_0^1 \frac{\sin(\log x)}{\log x}\,dx = \frac{\pi}{4}$$

を得る．オイラーの結果は，これもそうであるが，

$$\int_0^1 \frac{x^{\alpha-1} - x^{\beta-1}}{\log x}\,dx = \log\frac{\alpha}{\beta}$$

とくに

$$\int_0^1 \frac{x-1}{\log x}\,dx = \log 2$$

のように簡単で美しい.

オイラーの証明は,一つは,無限級数展開によって

$$\int_0^1 \frac{\sin(n\log x)}{\log x}\,dx = \int_0^1 \left(\sum_{k=0}^{\infty} \frac{(-1)^k (n\log x)^{2k+1}}{(2k+1)!}\right) \frac{dx}{\log x}$$

$$= \sum_{k=0}^{\infty} \frac{(-1)^k n^{2k+1}}{(2k+1)!} \int_0^1 (\log x)^{2k}\,dx$$

とした上で,ガンマ関数の公式

$$\int_0^1 (\log x)^{2k}\,dx = (2k)!$$

を用いて

$$\int_0^1 \frac{\sin(n\log x)}{\log x}\,dx = \sum_{k=0}^{\infty} \frac{(-1)^k}{2k+1} n^{2k+1}$$

$$= \arctan(n)$$

というものである($|n|<1$).なお,同様にして

$$\int_0^1 \frac{\cos(n\log x)-1}{\log x}\,dx = \sum_{k=1}^{\infty} \frac{(-1)^{k-1}}{2k} n^{2k}$$

$$= \frac{1}{2}\log(1+n^2)$$

となる($|n|<1$).これは,定理2の証明に使えるのであるが,オイラーは -1 を入れてないので発散が解消されていない([証明1]に至る計算における $\int \frac{dx}{\ell x}$ の項).

上記の計算を絶対数学の立場から見ると,絶対保型形式

$$f(x) = \sin(\log x)$$

——絶対保型性は $f\left(\frac{1}{x}\right) = -f(x)$ である——から作られる絶対ゼータ関数が $s>0$ に対して

$$\zeta_f(s) = \exp\left(\arctan\left(\frac{1}{s}\right)\right)$$

になる，という事に他ならない．絶対ゼータ関数の構成法は

　　黒川信重『絶対ゼータ関数論』岩波書店，2016 年

　　黒川信重『絶対数学原論』現代数学社，2016 年

にある通り

$$\zeta_f(s) = \exp\left(\frac{\partial}{\partial w} Z_f(w, s)\Big|_{w=0}\right),$$
$$Z_f(w, s) = \frac{1}{\Gamma(w)} \int_1^\infty f(x) x^{-s-1} (\log x)^{w-1} dx$$

であるが，$f(1) = 0$（1 位の零点）より

$$\zeta_f(s) = \exp\left(\int_1^\infty \frac{f(x) x^{-s-1}}{\log x} dx\right)$$

である．ここで，$x^s = \dfrac{1}{u}$ とおきかえると

$$\int_1^\infty \frac{f(x) x^{-s-1}}{\log x} dx = \int_0^1 \frac{\sin\left(\frac{1}{s} \log u\right)}{\log u} du$$

となるので，オイラーの定理 1 は

$$\zeta_f(s) = \exp\left(\arctan\left(\frac{1}{s}\right)\right)$$

を言っていたことになる：定理 4 で $n = 1$, $m = s-1$ とおいて
も良い．とくに

$$\zeta_f(1) = e^{\frac{\pi}{4}}$$

である．

　　絶対ゼータ関数の計算には

$$f(x) = \frac{x^{\sqrt{-1}} - x^{-\sqrt{-1}}}{2\sqrt{-1}}$$

を使うと良いが，それはオイラーの本章の論文 E475 が言って
いることである．すると，

154

$$Z_f(w,s) = \frac{(s-\sqrt{-1})^{-w} - (s+\sqrt{-1})^{-w}}{2\sqrt{-1}},$$

$$\zeta_f(s) = \left(\frac{s+\sqrt{-1}}{s-\sqrt{-1}}\right)^{\frac{1}{2\sqrt{-1}}}$$

$$= \exp\left(\arctan\left(\frac{1}{s}\right)\right)$$

と計算できる.

　複素数を用いた証明法は, オイラーの公式

$$\int_0^1 \frac{x^\alpha - x^\beta}{\log x}\,dx = \log\left(\frac{\alpha+1}{\beta+1}\right)$$

において

$$\alpha = n\sqrt{-1}, \quad \beta = -n\sqrt{-1}$$

とする. ここで,

$$x^\alpha - x^\beta = x^{n\sqrt{-1}} - x^{-n\sqrt{-1}}$$

$$= 2\sqrt{-1}\sin(n\log x)$$

となることから

$$2\sqrt{-1}\int_0^1 \frac{\sin(n\log x)}{\log x}\,dx = \log\left(\frac{1+n\sqrt{-1}}{1-n\sqrt{-1}}\right)$$

を得る. したがって

$$\log\left(\frac{1+n\sqrt{-1}}{1-n\sqrt{-1}}\right) = 2\sqrt{-1}\arctan(n)$$

となることから定理 1 に至るのである. 定理 2 〜 4 の証明においても, この方針なら簡明なことは既に見た通りである.

　このように見てくると, オイラーの論文 E475 は真正の絶対ゼータ関数論であることがわかる. すると, 論文のタイトル "Speculationes analyticae" は「解析的予言」と訳した方が実態に合っている. 定理 1 は 1774 年 12 月 8 日の誕生後［産後］243 年となる 2017 年に解明される内容だったのである. ちなみに, $243 = 3\cdot3\cdot3\cdot3\cdot3$［産後三五］である.

　今のところ, オイラーの論文 E475 にはラテン語原文以外への訳はないようであるが, 英訳でもして数学専門誌に投稿すれ

ば，充分に採用される内容である．もちろん，査読者が21世紀数学の流れを真に理解していればの話であるが．

　この辺でオイラーの『絶対ゼータ関数論』のおさらいをしておこう．基本的には1774年10月3日〜1776年8月19日の論文から成る：

(1) E463（1774年10月3日）67歳［I-17, p.384-420］

(2) E464（1774年10月10日）67歳［I-17, p.421-457］

(3) E475（1774年12月8日）67歳［I-18, p.1-22］

(4) E521（1775年11月／1776年2月）68歳［I-18, p.69-82］

(5) E629（1776年2月29日）68歳［I-18, p.318-334］

(6) E500（1776年8月19日）69歳［I-18, p.51-68］．

したがって，オイラーの絶対ゼータ関数論は1774年10月に誕生した．このうちE475は本章で見たものである．論文E629はオイラー定数を絶対ゼータ関数によって表示するものであり第6章で見た通りである．E500は第8章で解説したものであり，円分絶対ゼータ関数論である．E463, E464, E521については第8章で簡単に触れたが，絶対ゼータ関数に関しては，E463の追記（Additamentum）に書いたことをE464で解説していて，E521はコンドルセへの報告であり数学の内容は他のものに含まれている．

　なお，オイラーの計算では発散の処理が不充分なところがあり，それは正規化の必要性を示すものである．具体例をあげておこう．同一の内容であるがE464, E463から抜き書きする（第8章も参照）：

第 9 章　絶対ゼータ関数論の発展

(E464)　§31（Ⅰ–17, p.440）

$$\int_0^1 \frac{z^{n-u-1}+z^{n+u-1}}{1-z^{2n}} \cdot \frac{dz}{\log z} = \log\left(\cos\left(\frac{\pi u}{2n}\right)\right).$$

(E463)　§45（Ⅰ–17, p.418）

$$\int_0^1 \frac{z^{\lambda-\omega}+z^{\lambda+\omega}}{1-z^{2\lambda}} \cdot \frac{dz}{z\log z} = \log\left(\cos\left(\frac{\pi\omega}{2\lambda}\right)\right).$$

これらが内部矛盾をかかえていることは，次の例 1 と例 2 から
わかる．

　例 1　　$n=1,\ u=0\ (\lambda=1,\ \omega=0)$

$$\int_0^1 \frac{1}{1-z^2} \cdot \frac{dz}{\log z} = 0.$$

　例 2　　$n=2,\ u=1\ (\lambda=2,\ \omega=1)$

$$\int_0^1 \frac{1+z^2}{1-z^4} \cdot \frac{dz}{\log z} = -\frac{1}{2}\log 2.$$

この例 2 は積分内を約分すると

$$\int_0^1 \frac{1}{1-z^2} \cdot \frac{dz}{\log z} = -\frac{1}{2}\log 2$$

を言っているので，例 1 と矛盾する．

　結果を正規化するには答えの右辺で cos を 2 倍すればよい：
練習問題 1 を参照されたい．

9.3　練習問題

══ **練習問題 1** ══════════════

　$m, n > 0$ に対して

$$f(x) = \frac{x^m + x^{-m}}{1-x^{-2n}}$$

とおく．次を示せ．

157

(1) $f\left(\dfrac{1}{x}\right) = -x^{-2n}f(x).$

(2) $\zeta_f(s) = \dfrac{\Gamma\left(\frac{s+m}{2n}\right)\Gamma\left(\frac{s-m}{2n}\right)}{2\pi}(2n)^{\frac{s}{n}-1}.$

(3) $\zeta_f(n) = \dfrac{1}{2\cos\left(\frac{m\pi}{2n}\right)}.$

[解答]

(1) $f\left(\dfrac{1}{x}\right) = \dfrac{x^{-m}+x^m}{1-x^{2n}} = -x^{-2n}f(x).$

(2) $Z_f(w,s) = \dfrac{1}{\Gamma(w)}\displaystyle\int_1^\infty f(x)x^{-s-1}(\log x)^{w-1}dx$

は $x>1$ に対する表示

$$f(x) = (x^{-m}+x^m)\sum_{k=0}^\infty x^{-2nk}$$
$$= \sum_{k=0}^\infty \left\{x^{-(m+2nk)} + x^{-(-m+2nk)}\right\}$$

より

$$Z_f(w,s) = \zeta_1(w, s+m, (2n)) + \zeta_1(w, s-m, (2n))$$

となる．ただし，

$$\zeta_1(w,s,(\omega)) = \sum_{k=0}^\infty (k\omega+s)^{-w}$$
$$= \omega^{-w}\zeta(w,s)$$

である．したがって

$$\zeta_f(s) = \exp\left(\left.\frac{\partial}{\partial w}Z_f(w,s)\right|_{w=0}\right)$$
$$= \Gamma_1(s+m, (2n))\,\Gamma_1(s-m, (2n))$$
$$= \frac{\Gamma\left(\frac{s+m}{2n}\right)}{\sqrt{2\pi}}(2n)^{\frac{s+m}{2n}-\frac{1}{2}} \cdot \frac{\Gamma\left(\frac{s-m}{2n}\right)}{\sqrt{2\pi}}(2n)^{\frac{s-m}{2n}-\frac{1}{2}}$$
$$= \frac{\Gamma\left(\frac{s+m}{2n}\right)\Gamma\left(\frac{s-m}{2n}\right)}{2\pi}(2n)^{\frac{s}{n}-1}.$$

第 9 章　絶対ゼータ関数論の発展

(3)　$\zeta_f(n) = \dfrac{\Gamma\left(\frac{1}{2} + \frac{m}{2n}\right)\Gamma\left(\frac{1}{2} - \frac{m}{2n}\right)}{2\pi}$

$\qquad = \dfrac{1}{2\pi} \cdot \dfrac{\pi}{\sin\left(\frac{1}{2} - \frac{m}{2n}\right)\pi}$

$\qquad = \dfrac{1}{2\cos\frac{m\pi}{2n}}.$　　　　　　　　　　　　　　　　［**解答終**］

これが正規化

$$\text{“}\int_0^1 \frac{z^{n-m-1} + z^{m+n-1}}{1 - z^{2n}} \cdot \frac{dz}{\log z} \text{”} = \log\left(2\cos\left(\frac{\pi m}{2n}\right)\right)$$

に当っている. 一般に, 絶対保型形式 $f(x)$ が

$$f\left(\frac{1}{x}\right) = Cx^{-D} f(x)$$

となるとき

$$\text{“}\int_0^1 \frac{f(x) x^{s-1}}{\log x} dx \text{”} = -C \log \zeta_f(s + D)$$

である. オイラーは, たいていは $f(1) = 0$ のときに左辺の形
で考えているが, $f(1) \neq 0$ のときには正規化が必要となる.

━━ **練習問題 2** ━━━━━━━━━━━━━━━━━━━━━

次を示せ.

(1)　$\exp\left(\displaystyle\int_0^1 \frac{(x^{s-\frac{1}{2}} - x^{\frac{1}{2}-s})^2}{(1-x^2)\log x} dx\right) = \sin(\pi s).$

　　ここで, s は $\left|s - \dfrac{1}{2}\right| < \dfrac{1}{2}$ なる複素数.

(2)　$\exp\left(\displaystyle\int_0^1 \frac{(x^{\alpha} - x^{-\alpha})^2}{(1-x^2)\log x} dx\right) = \cos(\pi\alpha).$

　　ここで, α は $|\alpha| < \dfrac{1}{2}$ なる複素数.

[**解答**] (1) は (2) において $\alpha = s - \dfrac{1}{2}$ とすると得られる. (2)

は, ここでは, 級数展開により計算しておこう.

　　　[別の方法は, 第 8 章の練習問題 1 (2) において

　　　$a = 1 - 2\alpha,\ b = c = 2\alpha,\ n = 2$ とする.]

　まず,

$$(x^\alpha - x^{-\alpha})^2 = x^{2\alpha} + x^{-2\alpha} - 2$$
$$= 2 \sum_{n=1}^{\infty} \frac{(2\alpha)^{2n} (\log x)^{2n}}{(2n)!}$$

より

$$\int_0^1 \frac{(x^\alpha - x^{-\alpha})^2}{(1 - x^2) \log x} \, dx = 2 \sum_{n=1}^{\infty} \frac{(2\alpha)^{2n}}{(2n)!} \int_0^1 \frac{(\log x)^{2n-1}}{1 - x^2} \, dx$$

となる. 積分は

$$\int_0^1 \frac{(\log x)^{2n-1}}{1 - x^2} \, dx = -\int_0^\infty \frac{(\frac{t}{2})^{2n-1}}{1 - e^{-t}} \cdot \frac{e^{-\frac{t}{2}}}{2} \, dt$$
$$= -\frac{1}{2^{2n}} \int_0^\infty t^{2n-1} \left(\sum_{k=0}^{\infty} e^{-(k+\frac{1}{2})t} \right) dt$$
$$= -\frac{1}{2^{2n}} \sum_{k=0}^{\infty} \int_0^\infty t^{2n-1} e^{-(k+\frac{1}{2})t} \, dt$$
$$= -\frac{1}{2^{2n}} \sum_{k=0}^{\infty} (2n-1)! \left(k + \frac{1}{2} \right)^{-2n}$$

である（1 行目では $x = e^{-t/2}$ とおきかえている）から

$$\int_0^1 \frac{(x^\alpha - x^{-\alpha})^2}{(1 - x^2) \log x} \, dx = -2 \sum_{n=1}^{\infty} \frac{(2\alpha)^{2n}}{(2n)!} \cdot \frac{(2n-1)!}{2^{2n}} \sum_{k=0}^{\infty} \left(k + \frac{1}{2} \right)^{-2n}$$
$$= -\sum_{n=1}^{\infty} \frac{1}{n} \sum_{k=0}^{\infty} \left(\frac{\alpha}{k + \frac{1}{2}} \right)^{2n}$$
$$\left[= -\sum_{n=1}^{\infty} \frac{(2^{2n} - 1) \zeta(2n)}{n} \, \alpha^{2n} \right]$$
$$= \log \cos(\pi \alpha).$$

ただし,

第 9 章　絶対ゼータ関数論の発展

$$\cos(\pi\alpha) = \prod_{k=0}^{\infty}\Big(1 - \frac{\alpha^2}{(k+\frac{1}{2})^2}\Big)$$

を用いた.　　　　　　　　　　　　　　　　　　　　[解答終]

このことから,

$$\exp\Big(\int_0^1 \frac{(x^{s-\frac{1}{2}}-x^{\frac{1}{2}-s})^2}{(1-x^2)\log x}\,dx\Big) = \pi s\prod_{n=1}^{\infty}\Big(1 - \frac{s^2}{n^2}\Big)$$

などとなる. たとえば, $s=\frac{1}{4}$ とすると

$$\exp\Big(\int_0^1 \frac{(x^{\frac{1}{4}}-x^{-\frac{1}{4}})^2}{(1-x^2)\log x}\,dx\Big) = \frac{\pi}{4}\prod_{n=1}^{\infty}\Big(1 - \frac{1}{16n^2}\Big) = \frac{1}{\sqrt{2}}.$$

練習問題 2 は, 前章で紹介した E500 (§33) の等式

$$\int_0^1 \frac{dx}{x\log x}\cdot\frac{x^{r-p}-2x^r+x^{r+p}}{1-x^{2r}} = \log\Big(\cos\frac{p\pi}{2r}\Big),$$

$$\int_0^1 \frac{dx}{x\log x}\cdot\frac{x^p-2x^r+x^{2r-p}}{1-x^{2r}} = \log\Big(\sin\frac{p\pi}{2r}\Big)$$

において $r=1$ としたものである.

━━ 練習問題 3 ━━

$$\int_0^1 \frac{x-1}{\log x}\,dx = \log 2$$

を示せ.

[解答]

[オイラーの解答 1]

$$x-1 = \sum_{n=1}^{\infty}\frac{(\log x)^n}{n!}$$

より

161

$$\int_0^1 \frac{x-1}{\log x}\,dx = \sum_{n=1}^{\infty} \frac{1}{n!} \int_0^1 (\log x)^{n-1}\,dx$$

$$= \sum_{n=1}^{\infty} \frac{1}{n!} \cdot (-1)^{n-1}(n-1)!$$

$$= \sum_{n=1}^{\infty} \frac{(-1)^{n-1}}{n}$$

$$= \log 2.$$

[**オイラーの解答 2**]

$$\log x = \lim_{n \to \infty} n(x^{\frac{1}{n}} - 1)$$

より

$$\int_0^1 \frac{x-1}{\log x}\,dx = \lim_{n \to \infty} \int_0^1 \frac{x-1}{n(x^{\frac{1}{n}}-1)}\,dx$$

であるが,

$$\int_0^1 \frac{x-1}{n(x^{\frac{1}{n}}-1)}\,dx \overset{[x=u^n]}{=} \int_0^1 \frac{u^n-1}{u-1}\,u^{n-1}\,du$$

$$= \int_0^1 (1+u+\cdots+u^{n-1})u^{n-1}\,du$$

$$= \frac{1}{n} + \frac{1}{n+1} + \cdots + \frac{1}{2n-1}$$

だから

$$\int_0^1 \frac{x-1}{\log x}\,dx = \log 2. \qquad\qquad [\text{解答終}]$$

--- **練習問題 4** ---

実数 α に対して

$$\zeta_\alpha(s) = \exp\left(\int_0^1 \frac{x - 2x^{\frac{1}{2}}\cos(\alpha \log x) + 1}{\log(\frac{1}{x})}\,x^{s-2}\,dx \right)$$

とおく. 次を示せ.

(1) $\zeta_\alpha(s) = \dfrac{(s-\frac{1}{2})^2 + \alpha^2}{s(s-1)}$.

第 9 章　絶対ゼータ関数論の発展

(2)　[FE]　$\zeta_\alpha(1-s) = \zeta_\alpha(s)$.

(3)　[RH]　$\zeta_\alpha(s) = 0$ なら $\mathrm{Re}(s) = \dfrac{1}{2}$.

(4)　$\mathrm{Res}_{s=1} \zeta_\alpha(s) = \alpha^2 + \dfrac{1}{4}$.

(5)　$\zeta_\alpha\left(\dfrac{1}{2}\right) = -4\alpha^2 = (2\sqrt{-1}\,\alpha)^2$.

[解答]

(1)　$(x - 2x^{\frac{1}{2}}\cos(\alpha\log x) + 1)x^{s-2}$

$$= -(x^{s-\frac{3}{2}+\sqrt{-1}\alpha} - x^{s-1}) - (x^{s-\frac{3}{2}-\sqrt{-1}\alpha} - x^{s-2})$$

としてオイラーの積分

$$\int_0^1 \frac{x^\beta - x^\gamma}{\log x}\,dx = \log\left(\frac{1+\beta}{1+\gamma}\right)$$

を用いると

$$\begin{aligned}
\zeta_\alpha(s) &= \frac{(s-\frac{1}{2}) + \sqrt{-1}\,\alpha}{s} \cdot \frac{(s-\frac{1}{2}) - \sqrt{-1}\,\alpha}{s-1} \\
&= \frac{(s-\frac{1}{2})^2 + \alpha^2}{s(s-1)}
\end{aligned}$$

となる．(2)(3)(4)(5)は(1)より，ただちに従う．

[解答終]

　　オイラーの公式の代わりに，絶対ゼータ関数論の一般論を用いると，絶対保型形式

$$f(x) = x - 2x^{\frac{1}{2}}\sum_{\alpha:\text{有限個の実数}}\cos(\alpha\log x) + 1$$

に対して

$$\zeta_f(s) = \frac{\prod_\alpha ((s-\frac{1}{2})^2 + \alpha^2)}{s(s-1)}$$

となるので，

163

- [FE] $\zeta_f(1-s) = \zeta_f(s),$

- [RH] $\zeta_f(s) = 0 \Rightarrow \mathrm{Re}(s) = \dfrac{1}{2},$

- $\mathrm{Res}_{s=1}\zeta_f(s) = \displaystyle\prod_{\alpha}\left(\alpha^2 + \dfrac{1}{4}\right)$

- $\zeta_f\left(\dfrac{1}{2}\right) = -4\displaystyle\prod_{\alpha}\alpha^2 = \left(2\sqrt{-1}\prod_{\alpha}\alpha\right)^2$

を得ることができる.

　オイラーが243年前の1774年10月にはじめた絶対ゼータ関数論はゼータ関数の見通しを良くしてくれるのである.

第10章

絶対ゼータ関数論の復旧

　オイラーが絶対ゼータ関数論を研究していたことは指摘されてこなかった．私は，いくつもの本と解説記事によって絶対ゼータ関数論を普及させることを行ってきた．本書によって，オイラーの絶対ゼータ関数論文（1774年10月〜1776年8月）を辿ってくると，「絶対ゼータ関数論の普及」とは，本当は「絶対ゼータ関数論の復旧」と言うべきであることが良くわかる．本章は，1774年10月10日付の原点となる論文に立ち返る．

10.1 オイラー論文

オイラーの絶対ゼータ関数論の誕生を告げる論文

"Nova methodus quantitates integralis determinandi"［積分を定量的に決定する新方法］Novi Commentarii Academiae Scientiarum Petropolitanae 19（1774），1775，p.66–102（E464, 1774年10月10日付，全集 I–17, p.421–457）

を紹介する．

§2　　　$z = 0$ から $z = 1$ までの積分

$$\int \frac{(z-1)dz}{\ell z}$$

を考える．

$$\frac{z-1}{\ell z} = y$$

とおくと積分は $\int y dz$ であり，図の
面積である．$z=1$ のときは $y=1$ で
あり，$z=0$ のときは $y=0$ である．
後者の様子は，$z=e^{-n}$ とおくと

$$y = \frac{e^{-n}-1}{-n} = \frac{e^n-1}{ne^n}$$

であり，n が充分大のとき $y=\frac{1}{n}$ に

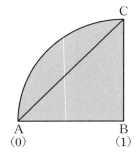

近づくことからわかる．面積 $\int y dz$ は三角形 ABC の面積 $\frac{1}{2}$
より大であることもわかる．

§3
i を無限大数とすると

$$\ell z = i(z^{\frac{1}{i}}-1)$$

なので

$$y = \frac{z-1}{i(z^{\frac{1}{i}}-1)} = \frac{1-z}{i(1-z^{\frac{1}{i}})}$$

となり，積分は

$$\int \frac{(1-z)dz}{i(1-z^{\frac{1}{i}})}$$

となる．したがって，$z^{\frac{1}{i}}=x$ とおきかえると

$$dz = ix^{i-1}dx$$

より，積分は $x=0$ から $x=1$ までの積分

$$\int \frac{x^{i-1}dx(1-x^i)}{1-x}$$

となる．

第 10 章　絶対ゼータ関数論の復旧

§4　$\dfrac{1-x^i}{1-x} = 1 + x + x^2 + x^3 + x^4 + x^5 + x^6 + \cdots + x^{i-1}$

であるから，$x^{i-1}dx$ をかけて（不定）積分すると

$$\frac{x^i}{i} + \frac{x^{i+1}}{i+1} + \frac{x^{i+2}}{i+2} + \frac{x^{i+3}}{i+3} + \cdots + \frac{x^{2i-1}}{2i-1}$$

となるので，積分は

$$\frac{1}{i} + \frac{1}{i+1} + \frac{1}{i+2} + \frac{1}{i+3} + \cdots + \frac{1}{2i-1}$$

となる．

§5　$A = 1 + \dfrac{1}{2} + \dfrac{1}{3} + \dfrac{1}{4} + \dfrac{1}{5} + \dfrac{1}{6} + \cdots + \dfrac{1}{2i-1}$,

$B = 1 + \dfrac{1}{2} + \dfrac{1}{3} + \dfrac{1}{4} + \dfrac{1}{5} + \dfrac{1}{6} + \cdots + \dfrac{1}{i-1}$

とおくと，積分は $A-B$ であるから $\left[B = 2\left(\dfrac{1}{2} + \dfrac{1}{4} + \dfrac{1}{6} + \cdots \right) \right.$

と見ると$\Big]$

$$A-B = 1 - \frac{1}{2} + \frac{1}{3} - \frac{1}{4} + \frac{1}{5} - \frac{1}{6} + \text{etc.}$$

となり $\ell 2$ であることがわかる．よって

$$\int \frac{(z-1)dz}{\ell z} = \ell 2.$$

§6　同様にして

$$\int \frac{(z^m-1)dz}{\ell z} = \ell(m+1)$$

および

$$\int \frac{(z^n-1)dz}{\ell z} = \ell(n+1)$$

がわかるので

$$\int \frac{(z^m-z^n)dz}{\ell z} = \ell \frac{m+1}{n+1}$$

となる．

§ 23
$$\int \frac{dz((n-k)z^m-(m-k)z^n+(m-n)z^k)}{(\ell z)^2}$$

$$= \begin{cases} +(m+1)(n-k)\,\ell(m+1) \\ -(n+1)(m-k)\,\ell(n+1) \\ +(k+1)(m-n)\,\ell(k+1). \end{cases}$$

§ 24 $m = 2,\ n = 1,\ k = 0$ とすると

$$\int \frac{(z-1)^2 dz}{(\ell z)^2} = 3\ell3 - 4\ell2 = \ell\frac{27}{16}.$$

$m = 3,\ n = 2,\ k = 1$ とすると

$$\int \frac{z\,dz(z-1)^2}{(\ell z)^2} = 4\ell4 - 6\ell3 + 2\ell2 = \ell\frac{2^{10}}{3^6}.$$

§ 27

定理

$$P = Az^\alpha + Bz^\beta + Cz^\gamma + Dz^\delta + \text{etc.}$$

が

$$A + B + C + D + \text{etc.} = 0$$

をみたすならば, $z = 0$ から $z = 1$ までの積分について

$$\int \frac{P\,dz}{\ell z} = A\ell(\alpha+1) + B\ell(\beta+1)$$
$$+ C\ell(\gamma+1) + D\ell(\delta+1) + \text{etc.}$$

である.

第 10 章　絶対ゼータ関数論の復旧

§29

系 2

$$(z-1)^n = z^n - \frac{n}{1}z^{n-1} + \frac{n(n-1)}{1\cdot 2}z^{n-2}$$
$$- \frac{n(n-1)(n-2)}{1\cdot 2\cdot 3}z^{n-3} + \text{etc.}$$

を P とすると

$$A = 1 \ \text{で} \ \alpha = n,$$
$$B = -\frac{n}{1} \ \text{で} \ \beta = n-1,$$
$$C = \frac{n(n-1)}{1\cdot 2} \ \text{で} \ \gamma = n-2$$
$$\text{etc.}$$

となるので

$$\int \frac{(z-1)^n dz}{\ell z} = \ell(n+1) - \frac{n}{1}\ell n$$
$$+ \frac{n(n-1)}{1\cdot 2}\ell(n-1) - \frac{n(n-1)(n-2)}{1\cdot 2\cdot 3}\ell(n-2)$$
$$+ \frac{n(n-1)(n-2)(n-3)}{1\cdot 2\cdot 3\cdot 4}\ell(n-3) - \text{etc.}$$

となる.

10.2　オイラー論文の解説

　この論文 E464（1774 年 10 月 10 日付；オイラー 67 歳）が絶対ゼータ関数論の実質的な始まりである：10 月 3 日付の論文 E463 には絶対ゼータ関数に触れた「追記」があるが，それは E464 のほんの一部にあたる報告である.

169

- §2 では曲線

$$y = \frac{z-1}{\log z}$$

について書いてある．これは $z=0$ において y 軸に接していて，$0 \leqq z \leqq 1$ では単調増加である．

- §3 については第 9 章の練習問題 3 の解答 2 を見られたい．なお，

$$\lim_{n \to \infty} \left(\frac{1}{n} + \frac{1}{n+1} + \cdots + \frac{1}{2n-1} \right) = \log 2$$

であることは高校数学のように

$$\lim_{n \to \infty} \sum_{k=0}^{n-1} \frac{1}{n+k} = \lim_{n \to \infty} \frac{1}{n} \sum_{k=0}^{n-1} \frac{1}{1+\dfrac{k}{n}}$$

$$= \int_0^1 \frac{dx}{1+x}$$

$$= \log 2$$

とすればよい．

- §6 で「同様に」とあるところは，m を自然数とするとき

$$\int_0^1 \frac{z^m - 1}{\log z}\, dz = \lim_{n \to \infty} \int_0^1 \frac{1 - z^m}{n(1 - z^{\frac{1}{n}})}\, dz$$

とした上で，

$$\int_0^1 \frac{1 - z^m}{n(1 - z^{\frac{1}{n}})}\, dz \overset{[z = x^n]}{=} \int_0^1 \frac{1 - x^{mn}}{n(1 - x)}\, nx^{n-1} dx$$

$$= \int_0^1 \frac{x^{n-1} - x^{(m+1)n - 1}}{1 - x}\, dx$$

$$= \int_0^1 (x^{n-1} + x^n + \cdots + x^{(m+1)n - 2})\, dx$$

$$= \frac{1}{n} + \frac{1}{n+1} + \cdots + \frac{1}{(m+1)n - 1}$$

$$= \frac{1}{n} \sum_{k=0}^{mn-1} \frac{1}{1 + \dfrac{k}{n}}$$

第 10 章　絶対ゼータ関数論の復旧

より

$$\int_0^1 \frac{z^m - 1}{\log z} dz = \int_0^m \frac{dx}{1+x}$$

$$= \log(m+1)$$

とすればよい.

- §23 については，現代の絶対ゼータ関数論を使って計算しておこう．絶対保型形式

$$f(x) = \frac{(n-k)x^{-m} + (k-m)x^{-n} + (m-n)x^{-k}}{\log x}$$

を考えると，$f(1) = 0$ である．実際，分子を多項式 P によって $P(x^{-1})$ と書くと，$P(1) = P'(1) = 0$ がわかるので

$$P(x^{-1}) = (x^{-1} - 1)^2 Q(x^{-1})$$

となる多項式 Q が存在し，$f(1) = 0$ とわかる.

したがって，与えられた積分は

$$-\int_0^1 \frac{f(x^{-1})}{\log x} dx = \int_1^\infty \frac{f(x)x^{-2}}{\log x} dx$$

$$= \log \zeta_f(1)$$

となる．ここで，絶対ゼータ関数 $\zeta_f(s)$ は，

$$Z_f(w, s) = \frac{1}{\Gamma(w)} \int_1^\infty f(x) x^{-s-1} (\log x)^{w-1} dx$$

$$= \frac{\Gamma(w-1)}{\Gamma(w)} \{(n-k)(m+s)^{1-w}$$

$$+ (k-m)(n+s)^{1-w} + (m-n)(k+s)^{1-w}\}$$

$$= \frac{1}{w-1} \{(n-k)(m+s)^{1-w} + (k-m)(n+s)^{1-w}$$

$$+ (m-n)(k+s)^{1-w}\}$$

より

$$\zeta_f(s) = (m+s)^{(n-k)(m+s)} (n+s)^{(k-m)(n+s)} (k+s)^{(m-n)(k+s)}$$

と求まり，§23 の結果を得る.

- §24 の結果は §23 の応用であるが，第 9 章で取り上げた論文 E475（1774 年 12 月 8 日付）では，より一般の形

$$\int_0^1 \frac{(x-1)^2 x^{s-1}}{(\log x)^2}\,dx = (s+2)\log(s+2) - 2(s+1)\log(s+1) + s\log s$$

$$= \log\left(\frac{(s+2)^{s+2} s^s}{(s+1)^{2(s+1)}}\right)$$

を求めている（§27）：上記の §24 は $s=1, 2$ の場合である．この結果は §23 において

$$m = s+1, \quad n = s, \quad k = s-1$$

とすれば得られる．これは，絶対保型形式

$$g(x) = \frac{(1-x^{-1})^2}{\log x}$$

の場合に絶対ゼータ関数

$$\zeta_g(s) = \frac{(s+2)^{s+2} s^s}{(s+1)^{2(s+1)}}$$

を求めていたことに他ならない．単なる偶発的な結果ではなく，オイラーが絶対ゼータ関数論を体系的に研究していたことを見てとることができる．

- §27 の定理は，$P(1)=0$ をみたすので

$$\int_0^1 \frac{P(z)}{\log z}\,dz = \int_0^1 \frac{P(z)-P(1)}{\log z}\,dz$$

$$= A\int_0^1 \frac{z^\alpha -1}{\log z}\,dz + B\int_0^1 \frac{z^\beta -1}{\log z}\,dz + \cdots$$

$$= A\log(\alpha+1) + B\log(\beta+1) + \cdots$$

とわかる．

- §29 の系 2 は

$$P(z) = (z-1)^n$$

$$= \sum_{k=0}^n (-1)^k \binom{n}{k} z^{n-k}$$

に定理を用いて

第 10 章　絶対ゼータ関数論の復旧

$$\int_0^1 \frac{P(z)}{\log z}\,dz = \sum_{k=0}^n (-1)^k \binom{n}{k} \log(n+1-k)$$

$$= \log\Big(\prod_{k=0}^n (n+1-k)^{(-1)^k \binom{n}{k}} \Big)$$

$$= \log\Big(\prod_{k=1}^n k^{(-1)^{n+1-k} \binom{n}{k-1}} \Big)$$

$$= (-1)^{n+1} \log\Big(\prod_{k=1}^{n+1} k^{(-1)^k \binom{n}{k-1}} \Big)$$

$$= (-1)^{n+1} \log \zeta_{\mathrm{G}_m^n/\mathbb{F}_1}(n+1)$$

となる．これを使ってオイラー定数の表示を与えることにつ
いては，第 6 章に解説した論文 E629（1776 年 2 月 29 日付；
オイラー 68 歳）の通りである．

10.3　練習問題

=== 練習問題 1 ===

絶対保型形式

$$f(x) = \frac{x^2}{x^2 - 1}$$

を考える．次を示せ．

(1)　$\zeta_f(s) = \dfrac{\Gamma\left(\frac{s}{2}\right)}{\sqrt{2\pi}}\, 2^{\frac{s-1}{2}}$．

(2)　$m = 0, 1, 2, \cdots$ に対して

$$\zeta_f(2m+1) = \frac{(2m)!}{m!\, 2^{m+\frac{1}{2}}} \in \overline{\mathbb{Q}},$$

$$\zeta_f(2m+2) = \frac{m!\, 2^m}{\sqrt{\pi}} \notin \overline{\mathbb{Q}}.$$

173

[**解答**]

(1) $f(x) = \dfrac{1}{1-x^{-2}}$

なので

$$Z_f(w,s) = \zeta_1(w,s,(2)),$$

$$\zeta_f(s) = \Gamma_1(s,(2)) = \frac{\Gamma(\frac{s}{2})}{\sqrt{2\pi}}\, 2^{\frac{s-1}{2}}.$$

(2) 自然数 $n \geq 1$ に対して（1）より

$$\zeta_f(n) = \frac{\Gamma(\frac{n}{2})}{\sqrt{2\pi}}\, 2^{\frac{n-1}{2}}$$

なので，n を奇・偶で分けると，$m = 0, 1, 2, \cdots$ に対して

$$n = 2m+1 \text{ のとき } \zeta_f(2m+1) = \frac{(2m)!}{m!\, 2^{m+\frac{1}{2}}} \in \bar{\mathbb{Q}},$$

$$n = 2m+2 \text{ のとき } \zeta_f(2m+2) = \frac{m!\, 2^m}{\sqrt{\pi}} \notin \bar{\mathbb{Q}}.$$ [**解答終**]

例 $\zeta_f(1) = \dfrac{1}{\sqrt{2}},\ \zeta_f(2) = \dfrac{1}{\sqrt{\pi}},\ \zeta_f(3) = \dfrac{1}{\sqrt{2}},$

$\zeta_f(4) = \dfrac{2}{\sqrt{\pi}},\ \zeta_f(5) = \dfrac{3}{\sqrt{2}},\ \zeta_f(6) = \dfrac{8}{\sqrt{\pi}}.$

—— **練習問題 2** ——

絶対保型形式

$$f(x) = \frac{x-1}{x+1}$$

を考える．次を示せ．

(1) $\zeta_f(s) = \dfrac{\Gamma(\frac{s}{2})\Gamma(\frac{s+2}{2})}{\Gamma(\frac{s+1}{2})^2}.$

(2) $\zeta_f(s)\zeta_f(s+1) = \dfrac{s+1}{s}.$

(3) $n = 1, 2, 3, \cdots$ に対して $\zeta_f(n) \notin \bar{\mathbb{Q}}.$

第 10 章　絶対ゼータ関数論の復旧

[**解答**]

(1)　$f(x) = \dfrac{1 - 2x^{-1} + x^{-2}}{1 - x^{-2}}$

より

$$Z_f(w, s) = \frac{1}{\Gamma(w)} \int_1^\infty f(x) x^{-s-1} (\log x)^{w-1} dx$$

$$= \zeta_1(w, s, (2)) - 2\zeta_1(w, s+1, (2)) + \zeta_1(w, s+2, (2))$$

となるので

$$\zeta_f(s) = \frac{\Gamma_1(s, (2)) \Gamma_1(s+2, (2))}{\Gamma_1(s+1, (2))^2}$$

$$= \frac{\Gamma(\frac{s}{2}) \Gamma(\frac{s+2}{2})}{\Gamma(\frac{s+1}{2})^2}$$

である.

(2)　$\zeta_f(s) \zeta_f(s+1) = \dfrac{\Gamma(\frac{s}{2}) \Gamma(\frac{s+2}{2})}{\Gamma(\frac{s+1}{2})^2} \cdot \dfrac{\Gamma(\frac{s+1}{2}) \Gamma(\frac{s+3}{2})}{\Gamma(\frac{s+2}{2})^2}$

$$= \frac{\Gamma(\frac{s}{2}) \Gamma(\frac{s+1}{2} + 1)}{\Gamma(\frac{s+1}{2}) \Gamma(\frac{s}{2} + 1)}$$

$$= \frac{s+1}{s}.$$

ただし, $\Gamma(x+1) = x\Gamma(x)$ を用いた.

(3)　まず

$$\zeta_f(1) = \frac{\Gamma(\frac{1}{2}) \Gamma(\frac{3}{2})}{\Gamma(1)}$$

$$= \frac{1}{2} \Gamma\left(\frac{1}{2}\right)^2$$

$$= \frac{\pi}{2} \notin \overline{\mathbb{Q}},$$

がわかる. あとは, (2) より $\zeta_f(2) \notin \overline{\mathbb{Q}}$, $\zeta_f(3)$

$\notin \overline{\mathbb{Q}}, \cdots$ と順次わかる.　　　　　　　　　　[**解答終**]

例 　　　$\zeta_f(1)=\dfrac{\pi}{2}$, $\zeta_f(2)=\dfrac{4}{\pi}$, $\zeta_f(3)=\dfrac{3\pi}{8}$,

　　　　　$\zeta_f(4)=\dfrac{32}{9\pi}$, $\zeta_f(5)=\dfrac{45\pi}{128}$, $\zeta_f(6)=\dfrac{768}{225\pi}$.

この問題に関しては E475（§15）と E500（§15）を見よ.

　絶対ゼータ関数の計算に関連して，第7章の練習問題のところで「やっておいて欲しい」とした宿題をやっておこう.

━━━ **練習問題 3** ━━━

自然数 $m \geqq 2$ に対して

$$m\zeta(m+1)=\zeta^*(2,\underbrace{1,\cdots,1}_{m-1\,\text{個}})$$

が成立することを示せ．ただし，

$$\zeta^*(2,\underbrace{1,\cdots,1}_{m-1\,\text{個}})=\sum_{n\geqq n_1\geqq\cdots\geqq n_{m-1}\geqq 1}\frac{1}{n^2\,n_1\cdots n_{m-1}}.$$

[解答] $m=2$ のときは等式

$$2\zeta(3)=\zeta^*(2,1)$$

であり，第7章の練習問題2で示した．一般の場合も同じ方法を用いる．第7章の定理 H を用いると

$$m\zeta(m+1)=\sum_{n=1}^{\infty}\frac{1}{n}\,Z_{\mathrm{G}_m^{n-1}/\mathrm{F}_1}(m,n)$$

であるから，

$$Z_{\mathrm{G}_m^{n-1}/\mathrm{F}_1}(m,n)=\frac{1}{n}\sum_{n\geqq n_1\geqq\cdots\geqq n_{m-1}\geqq 1}\frac{1}{n_1\cdots n_{m-1}}$$

を示せばよい．ここで，

$$Z_{\mathrm{G}_m^{n-1}/\mathrm{F}_1}(m,n)=\sum_{k=1}^{n}(-1)^{k-1}\frac{\dbinom{n-1}{k-1}}{k^m}$$

である，よって，等式

176

第 10 章　絶対ゼータ関数論の復旧

$$\sum_{k=1}^{n} (-1)^{k-1} \frac{\binom{n-1}{k-1}}{k^m} (1-x)^{k-1} = \frac{1}{n} \sum_{n \geq n_1 \geq \cdots \geq n_{m-1} \geq 1} \frac{1+x+\cdots+x^{n_{m-1}-1}}{n_1 \cdots n_{m-1}}$$

を m についての帰納法で示して，$x=0$ とおけば求める等式を
得る．m についての帰納法は，$m=2$ のときは

$$\sum_{k=1}^{n} (-1)^{k-1} \frac{\binom{n-1}{k-1}}{k^2} (1-x)^{k-1} = \frac{1}{n} \sum_{n_1=1}^{n} \frac{1+\cdots+x^{n_1-1}}{n_1}$$

であるが，これは等式

$$\sum_{k=1}^{n} (-1)^{k-1} \binom{n-1}{k-1} (1-x)^{k-1} = x^{n-1}$$

を『x について定積分して，$1-x$ で割る』と

$$\sum_{k=1}^{n} (-1)^{k-1} \frac{\binom{n-1}{k-1}}{k} (1-x)^{k-1} = \frac{1+\cdots+x^{n-1}}{n}$$

が得られ，もう一度『　』を繰り返すと

$$\sum_{k=1}^{n} (-1)^{k-1} \frac{\binom{n-1}{k-1}}{k^2} (1-x)^{k-1} = \frac{1}{n} \sum_{n_1=1}^{n} \frac{1+\cdots+x^{n_1-1}}{n_1}$$

となって $m=2$ の場合がわかる．m から $m+1$ に移る際は

$$\sum_{k=1}^{n} (-1)^{k-1} \frac{\binom{n-1}{k-1}}{k^m} (1-x)^{k-1} = \frac{1}{n} \sum_{n \geq n_1 \geq \cdots \geq n_{m-1} \geq 1} \frac{1+\cdots+x^{n_{m-1}-1}}{n_1 \cdots n_{m-1}}$$

に『　』を用いると

$$\sum_{k=1}^{n} (-1)^{k-1} \frac{\binom{n-1}{k-1}}{k^{m+1}} (1-x)^{k-1} = \frac{1}{n} \sum_{n \geq n_1 \geq \cdots \geq n_m \geq 1} \frac{1+\cdots+x^{n_{m-1}}}{n_1 \cdots n_m}$$

が得られるので，数学的帰納法が成立する．

[**解答終**]

オイラー定数を絶対ゼータ関数によって表示するオイラーの公式（第6章, E629）の2次版となる新結果を示しておこう.

=== **練習問題 4** ===

オイラー定数 γ に対して次を示せ：

$$\gamma = -1 + 2 \sum_{n=2}^{\infty} \frac{H_n}{n+1} \log \zeta_{\mathrm{G}_m^{n-1}/\mathrm{F}_1}(n).$$

ただし,

$$H_n = 1 + \cdots + \frac{1}{n}$$

は調和数である.

[**解答**]　$r \geq 1$ に対して

$$\zeta_r(w, s) = \sum_{n_1, \cdots, n_r \geq 0} (n_1 + \cdots + n_r + s)^{-w}$$

$$= \sum_{n=0}^{\infty} \binom{n+r-1}{r-1} (n+s)^{-w}$$

を r 重フルビッツゼータ関数とする. $\mathrm{Re}(w) > r$ における積分表示

$$\zeta_r(w, s) = \frac{1}{\Gamma(w)} \int_1^{\infty} \frac{x^{-s-1} (\log x)^{w-1}}{(1 - x^{-1})^r} dx$$

$$= \frac{1}{\Gamma(w)} \int_1^{\infty} \left(\frac{\log x}{1 - x^{-1}} \right)^r x^{-s-1} (\log x)^{w-r-1} dx$$

を考える. ここで, $x > 1$ に対して

$$\log x = -\log(1 - (1 - x^{-1}))$$

$$= \sum_{n=1}^{\infty} \frac{(1 - x^{-1})^n}{n}$$

（"オイラー・トリック"）を用いて

$$\left(\frac{\log x}{1 - x^{-1}} \right)^r = \sum_{n=1}^{\infty} c_r(n) (1 - x^{-1})^{n-1}$$

第 10 章 絶対ゼータ関数論の復旧

と展開級数 $c_r(n)$ を決めておく（$c_r(1)=1$ であり, $c_r(n)$ は第
1種スターリング数を用いて書ける）. たとえば,

$$c_1(n) = \frac{1}{n}$$

であることはすぐわかるが,

$$c_2(n) = \frac{2H_n}{n+1}$$

である：

$$
\begin{aligned}
c_2(n) &= \sum_{k=1}^{n} \frac{1}{k} \cdot \frac{1}{n+1-k} \\
&= \frac{1}{n+1} \sum_{k=1}^{n} \left(\frac{1}{k} + \frac{1}{n+1-k} \right) \\
&= \frac{2}{n+1} H_n.
\end{aligned}
$$

すると,

$$
\begin{aligned}
\zeta_r(w,s) &= \sum_{n=1}^{\infty} c_r(n) \frac{1}{\Gamma(w)} \int_1^{\infty} (1-x^{-1})^{n-1} x^{-s-1} (\log x)^{w-r-1} dx \\
&= \sum_{n=1}^{\infty} c_r(n) \frac{\displaystyle\sum_{k=1}^{n} (-1)^{k-1} \binom{n-1}{k-1} (s+k-1)^{r-w}}{(w-1)\cdots(w-r)} \\
&= \frac{s^{r-w}}{(w-1)\cdots(w-r)} + \sum_{n=2}^{\infty} c_r(n) \frac{Z_{\mathbb{G}_m^{n-1}/\mathbb{F}_1}(w-r, s+n-1)}{(w-1)\cdots(w-r)}
\end{aligned}
$$

となる. これは $w \in \mathbb{C}$ に対する解析接続を与えている（第7章
の定理 H の証明参照）. さらに, $n \geqq 2$ のときは

$$Z_{\mathbb{G}_m^{n-1}/\mathbb{F}_1}(0, s+n-1) = 0$$

であるから, $\zeta_r(w,s)$ は $w=r$ に1位の極をもち, 留数は
$1/(r-1)!$ となる.

　よって, 拡張されたオイラー定数を

$$\gamma_r(s) = \lim_{w \to r} \left(\zeta_r(w,s) - \frac{1}{(r-1)!(w-r)} \right)$$

と定めると,

179

$$\lim_{w \to r}\left(\frac{s^{r-w}}{(w-1)\cdots(w-r)} - \frac{1}{(r-1)!\,(w-r)}\right) = -\frac{H_{r-1}+\log s}{(r-1)!}$$

となることより，等式

$$\gamma_r(s) = -\frac{H_{r-1}+\log s}{(r-1)!} + \sum_{n=2}^{\infty}\frac{c_r(n)}{(r-1)!}\log\zeta_{\mathbb{G}_m^{n-1}/\mathbb{F}_1}(s+n-1)$$

を得る．

とくに，$r=2$, $s=1$ とおくと

$$\gamma_2(1) = -1 + \sum_{n=2}^{\infty}c_2(n)\log\zeta_{\mathbb{G}_m^{n-1}/\mathbb{F}_1}(n)$$

$$= -1 + 2\sum_{n=2}^{\infty}\frac{H_n}{n+1}\log\zeta_{\mathbb{G}_m^{n-1}/\mathbb{F}_1}(n)$$

となる．一方，

$$\zeta_2(w,1) = \sum_{n=0}^{\infty}\binom{n+1}{1}(n+1)^{-w}$$

$$= \zeta(w-1)$$

であるから

$$\gamma_2(1) = \lim_{w \to 2}\left(\zeta_2(w,1) - \frac{1}{w-2}\right)$$

$$= \lim_{w \to 2}\left(\zeta(w-1) - \frac{1}{w-2}\right)$$

$$= \lim_{w \to 1}\left(\zeta(w) - \frac{1}{w-1}\right)$$

$$= \gamma$$

である．したがって，

$$\gamma = -1 + 2\sum_{n=2}^{\infty}\frac{H_n}{n+1}\log\zeta_{\mathbb{G}_m^{n-1}/\mathbb{F}_1}(n)$$

を得る． ［解答終］

オイラーの絶対ゼータ関数論の未来は膨大な領域に広がっている．

第11章

特殊値と関数等式

　ここのところオイラー 60 歳代の論文を重点的に解説してきた．その内容はオイラーの絶対ゼータ関数論であった．それは，どうしても私の現在の年齢に近い頃のオイラーの研究に興味を魅かれるためでもある．本章は，オイラーの若い頃に戻る．第 2 章〜第 4 章で取り上げたオイラー積の研究（1737 年）前後の論文である．

11.1 オイラー論文

　中心となるのは，2 つの論文である：

> E41　"De summis serierum reciprocarum"［逆数和］Commentarii Academiae Scientiarum Petropolitanae **7** (1734/35)，p.123 – 134（1735 年 12 月 5 日付，全集 I – 14，p.73 – 86），

> E352　"Remarques sur un beau rapport entre les series des puissances tant directes que reciproques"［自然数の正べき和と負べき和の美しい関係］Mémoires de l' académie des sciences de Berlin［17］(1761)，1768，p.83 – 106（1749 年執筆，全集 I – 15，p.70 – 90）．

前者は特殊値 $\zeta(2n)$ $(n=1,2,3,\cdots)$ を求めた論文であり，後者は関数等式 $\zeta(s) \longleftrightarrow \zeta(1-s)$ を発見した論文である．

E41

§ 16

$$1 - \frac{s^2}{1\cdot2\cdot3} + \frac{s^4}{1\cdot2\cdot3\cdot4\cdot5} - \frac{s^6}{1\cdot2\cdot3\cdot4\cdot5\cdot6\cdot7} + \text{etc.}$$
$$= \left(1 - \frac{s^2}{p^2}\right)\left(1 - \frac{s^2}{4p^2}\right)\left(1 - \frac{s^2}{9p^2}\right)\left(1 - \frac{s^2}{16p^2}\right)\text{etc.}$$

と分解できる（p は円周率）．

§ 17

ss の係数を比較すると

$$\frac{1}{1\cdot2\cdot3} = \frac{1}{p^2} + \frac{1}{4p^2} + \frac{1}{9p^2} + \frac{1}{16p^2} + \text{etc.}$$

を得る．高次の係数も比較することにより，

$$\alpha = \frac{1}{1\cdot2\cdot3},\ \beta = \frac{1}{1\cdot2\cdot3\cdot4\cdot5},$$
$$\gamma = \frac{1}{1\cdot2\cdot3\cdot4\cdot5\cdot6\cdot7}\ \text{etc.}$$

とし，

$$P = \frac{1}{p^2} + \frac{1}{4p^2} + \frac{1}{9p^2} + \frac{1}{16p^2} + \text{etc.},$$
$$Q = \left(\frac{1}{p^2}\right)^2 + \left(\frac{1}{4p^2}\right)^2 + \left(\frac{1}{9p^2}\right)^2 + \left(\frac{1}{16p^2}\right)^2 + \text{etc.},$$
$$R = \left(\frac{1}{p^2}\right)^3 + \left(\frac{1}{4p^2}\right)^3 + \left(\frac{1}{9p^2}\right)^3 + \left(\frac{1}{16p^2}\right)^3 + \text{etc.},$$
$$S = \left(\frac{1}{p^2}\right)^4 + \left(\frac{1}{4p^2}\right)^4 + \left(\frac{1}{9p^2}\right)^4 + \left(\frac{1}{16p^2}\right)^4 + \text{etc.}$$
$$\text{etc.}$$

とおけば，

第 11 章　特殊値と関数等式

$$P = \alpha = \frac{1}{1 \cdot 2 \cdot 3} = \frac{1}{6},$$

$$Q = P\alpha - 2\beta = \frac{1}{90},$$

$$R = Q\alpha - P\beta + 3\gamma = \frac{1}{945},$$

$$S = R\alpha - Q\beta + P\gamma - 4\delta = \frac{1}{9450},$$

$$T = S\alpha - R\beta + Q\gamma - P\delta + 5\varepsilon$$
$$= \frac{1}{93555},$$

$$V = T\alpha - S\beta + R\gamma - Q\delta + P\varepsilon - 6\zeta$$
$$= \frac{691}{6825 \cdot 93555}$$

etc.

となる.

§ 18　したがって，次を得る：

$$1 + \frac{1}{2^2} + \frac{1}{3^2} + \frac{1}{4^2} + \frac{1}{5^2} + \text{etc.} = \frac{p^2}{6} = P',$$

$$1 + \frac{1}{2^4} + \frac{1}{3^4} + \frac{1}{4^4} + \frac{1}{5^4} + \text{etc.} = \frac{p^4}{90} = Q',$$

$$1 + \frac{1}{2^6} + \frac{1}{3^6} + \frac{1}{4^6} + \frac{1}{5^6} + \text{etc.} = \frac{p^6}{945} = R',$$

$$1 + \frac{1}{2^8} + \frac{1}{3^8} + \frac{1}{4^8} + \frac{1}{5^8} + \text{etc.} = \frac{p^8}{9450} = S',$$

$$1 + \frac{1}{2^{10}} + \frac{1}{3^{10}} + \frac{1}{4^{10}} + \frac{1}{5^{10}} + \text{etc.} = \frac{p^{10}}{93555} = T',$$

$$1 + \frac{1}{2^{12}} + \frac{1}{3^{12}} + \frac{1}{4^{12}} + \frac{1}{5^{12}} + \text{etc.} = \frac{691p^{12}}{6825 \cdot 93555} = V'$$

etc.

とくに

$$p^2 = 6P' = \frac{15Q'}{P'} = \frac{21R'}{2Q'} = \frac{10S'}{R'}$$

$$= \frac{99T'}{10S'} = \frac{6825V'}{691T'} \text{ etc.}$$

183

E352

§1　2つの無限級数

$\odot$　$1^m - 2^m + 3^m - 4^m + 5^m - 6^m + 7^m - 8^m + \text{etc.},$

$\mathbb{D}$　$\dfrac{1}{1^n} - \dfrac{1}{2^n} + \dfrac{1}{3^n} - \dfrac{1}{4^n} + \dfrac{1}{5^n} - \dfrac{1}{6^n} + \dfrac{1}{7^n} - \dfrac{1}{8^n} + \text{etc.}$

を考える．$n = m + 1$ のときには両者が密接に関係していることを示す．

§2　$1 - 2 + 3 - 4 + 5 - 6 + \text{etc.}$

は $\dfrac{1}{(1+1)^2}$ であり $\dfrac{1}{4}$ となる．よりわかりやすくは

$$1 - 2x + 3x^2 - 4x^3 + 5x^4 - 6x^5 + \text{etc.} = \dfrac{1}{(1+x)^2}$$

において $x = 1$ とおけばよい．

§3　同様にすると，微分計算により得られる

$$1 - x + x^2 - x^3 + \text{etc.} = \dfrac{1}{1+x},$$

$$1 - 2x + 3x^2 - 4x^3 + \text{etc.} = \dfrac{1}{(1+x)^2},$$

$$1 - 2^2 x + 3^2 x^2 - 4^2 x^3 + \text{etc.} = \dfrac{1-x}{(1+x)^3},$$

$$1 - 2^3 x + 3^3 x^2 - 4^3 x^3 + \text{etc.} = \dfrac{1-4x+xx}{(1+x)^4},$$

$$1 - 2^4 x + 3^4 x^2 - 4^4 x^3 + \text{etc.} = \dfrac{1-11x+11xx-x^3}{(1+x)^5},$$

$$1 - 2^5 x + 3^5 x^2 - 4^5 x^3 + \text{etc.} = \dfrac{1-26x+66xx-26x^3+x^4}{(1+x)^6},$$

$$1 - 2^6 x + 3^6 x^2 - 4^6 x^3 + \text{etc.} = \dfrac{1-57x+302xx-302x^3+57x^4-x^5}{(1+x)^7}$$

etc.

において，$x = 1$ とすることにより，$\odot$ を得る：

第 11 章　特殊値と関数等式

$$1-2^0+3^0-4^0+5^0-6^0+\text{etc.}=\frac{1}{2},$$

$$1-2+3-4+5-6+\text{etc.}=\frac{1}{4},$$

$$1-2^2+3^2-4^2+5^2-6^2+\text{etc.}=0,$$

$$1-2^3+3^3-4^3+5^3-6^3+\text{etc.}=-\frac{2}{16},$$

$$1-2^4+3^4-4^4+5^4-6^4+\text{etc.}=0,$$

$$1-2^5+3^5-4^5+5^5-6^5+\text{etc.}=+\frac{16}{64},$$

$$1-2^6+3^6-4^6+5^6-6^6+\text{etc.}=0,$$

$$1-2^7+3^7-4^7+5^7-6^7+\text{etc.}=-\frac{272}{256},$$

$$1-2^8+3^8-4^8+5^8-6^8+\text{etc.}=0,$$

$$1-2^9+3^9-4^9+5^9-6^9+\text{etc.}=+\frac{7936}{1024}$$

etc.

§4　一方，☽ を考えるためには，

$$1+\frac{1}{2^2}+\frac{1}{3^2}+\frac{1}{4^2}+\text{etc.}=A\pi^2,\quad A=\frac{1}{6},$$

$$1+\frac{1}{2^4}+\frac{1}{3^4}+\frac{1}{4^4}+\text{etc.}=B\pi^4,\quad B=\frac{2}{5}A^2,$$

$$1+\frac{1}{2^6}+\frac{1}{3^6}+\frac{1}{4^6}+\text{etc.}=C\pi^6,\quad C=\frac{4}{7}AB,$$

$$1+\frac{1}{2^8}+\frac{1}{3^8}+\frac{1}{4^8}+\text{etc.}=D\pi^8,\quad D=\frac{4}{9}AC+\frac{2}{9}B^2,$$

$$1+\frac{1}{2^{10}}+\frac{1}{3^{10}}+\frac{1}{4^{10}}+\text{etc.}=E\pi^{10},\quad E=\frac{4}{11}AD+\frac{4}{11}BC$$

etc.　　　　　　　　etc.

より，交代和版を得る：

$$1-\frac{1}{2^2}+\frac{1}{3^2}-\frac{1}{4^2}+\frac{1}{5^2}-\frac{1}{6^2}+\text{etc.}=\frac{2-1}{2^1}A\pi^2,$$

$$1-\frac{1}{2^4}+\frac{1}{3^4}-\frac{1}{4^4}+\frac{1}{5^4}-\frac{1}{6^4}+\text{etc.}=\frac{2^3-1}{2^3}B\pi^4,$$

$$1-\frac{1}{2^6}+\frac{1}{3^6}-\frac{1}{4^6}+\frac{1}{5^6}-\frac{1}{6^6}+\text{etc.}=\frac{2^5-1}{2^5}C\pi^6,$$

$$1 - \frac{1}{2^8} + \frac{1}{3^8} - \frac{1}{4^8} + \frac{1}{5^8} - \frac{1}{6^8} + \text{etc.} = \frac{2^7-1}{2^7} D\pi^8,$$

$$1 - \frac{1}{2^{10}} + \frac{1}{3^{10}} - \frac{1}{4^{10}} + \frac{1}{5^{10}} - \frac{1}{6^{10}} + \text{etc.} = \frac{2^9-1}{2^9} E\pi^{10},$$

$$1 - \frac{1}{2^{12}} + \frac{1}{3^{12}} - \frac{1}{4^{12}} + \frac{1}{5^{12}} - \frac{1}{6^{12}} + \text{etc.} = \frac{2^{11}-1}{2^{11}} F\pi^{12}$$

$$\text{etc.}$$

§5　　A, B, C, D etc. は重要な数であるので計算結果を書いておこう：

$$A = \frac{2^0 \cdot 1}{1 \cdot 2 \cdot 3}, \qquad\qquad B = \frac{2^2 \cdot 1}{1 \cdot 2 \cdots 5 \cdot 3},$$

$$C = \frac{2^4 \cdot 1}{1 \cdot 2 \cdots 7 \cdot 3}, \qquad\qquad D = \frac{2^6 \cdot 3}{1 \cdot 2 \cdots 9 \cdot 5},$$

$$E = \frac{2^8 \cdot 5}{1 \cdot 2 \cdots 11 \cdot 3}, \qquad\qquad F = \frac{2^{10} \cdot 691}{1 \cdot 2 \cdots 13 \cdot 105},$$

$$G = \frac{2^{12} \cdot 35}{1 \cdot 2 \cdots 15 \cdot 1}, \qquad\qquad H = \frac{2^{14} \cdot 3617}{1 \cdot 2 \cdots 17 \cdot 15},$$

$$I = \frac{2^{16} \cdot 43867}{1 \cdot 2 \cdots 19 \cdot 21}, \qquad\qquad K = \frac{2^{18} \cdot 1222277}{1 \cdot 2 \cdots 21 \cdot 55},$$

$$L = \frac{2^{20} \cdot 854513}{1 \cdot 2 \cdots 23 \cdot 3}, \qquad\qquad M = \frac{2^{22} \cdot 1181820455}{1 \cdot 2 \cdots 25 \cdot 273},$$

$$N = \frac{2^{24} \cdot 76977927}{1 \cdot 2 \cdots 27 \cdot 1}, \qquad\qquad O = \frac{2^{26} \cdot 23749461029}{1 \cdot 2 \cdots 29 \cdot 15},$$

$$P = \frac{2^{28} \cdot 8615841276005}{1 \cdot 2 \cdots 31 \cdot 231}, \quad Q = \frac{2^{30} \cdot 84802531453387}{1 \cdot 2 \cdots 33 \cdot 85},$$

$$R = \frac{2^{32} \cdot 90219075042845}{1 \cdot 2 \cdots 35 \cdot 3}.$$

§8　　$\odot$ は次の形になる：

$$1 - 1 + 1 - 1 + 1 - 1 + \text{etc.} = \frac{1}{2},$$

$$1 - 2 + 3 - 4 + 5 - 6 + \text{etc.} = +1 \cdot \frac{2^2-1}{2} A,$$

$$1 - 2^2 + 3^2 - 4^2 + 5^2 - 6^2 + \text{etc.} = 0,$$

$$1 - 2^3 + 3^3 - 4^3 + 5^3 - 6^3 + \text{etc.} = -1 \cdot 2 \cdot 3 \cdot \frac{2^4-1}{2^3} B,$$

第 11 章　特殊値と関数等式

$$1-2^4+3^4-4^4+5^4-6^4+\text{etc.}=0,$$

$$1-2^5+3^5-4^5+5^5-6^5+\text{etc.}=+1\cdot2\cdots5\cdot\frac{2^6-1}{2^5}C,$$

$$1-2^6+3^6-4^6+5^6-6^6+\text{etc.}=0,$$

$$1-2^7+3^7-4^7+5^7-6^7+\text{etc.}=-1\cdot2\cdots7\cdot\frac{2^8-1}{2^7}D,$$

$$1-2^8+3^8-4^8+5^8-6^8+\text{etc.}=0,$$

$$1-2^9+3^9-4^9+5^9-6^9+\text{etc.}=+1\cdot2\cdots9\cdot\frac{2^{10}-1}{2^9}E,$$

$$1-2^{10}+3^{10}-4^{10}+5^{10}-6^{10}+\text{etc.}=0$$

etc.

§ 9　ここで, $\odot$ を $\mathpalette\@@d{}$ で割ると

$$\frac{1-2+3-4+5-6+\text{etc.}}{1-\dfrac{1}{2^2}+\dfrac{1}{3^2}-\dfrac{1}{4^2}+\dfrac{1}{5^2}-\dfrac{1}{6^2}+\text{etc.}}=+\frac{1(2^2-1)}{(2-1)\pi^2},$$

$$\frac{1-2^2+3^2-4^2+5^2-6^2+\text{etc.}}{1-\dfrac{1}{2^3}+\dfrac{1}{3^3}-\dfrac{1}{4^3}+\dfrac{1}{5^3}-\dfrac{1}{6^3}+\text{etc.}}=0,$$

$$\frac{1-2^3+3^3-4^3+5^3-6^3+\text{etc.}}{1-\dfrac{1}{2^4}+\dfrac{1}{3^4}-\dfrac{1}{4^4}+\dfrac{1}{5^4}-\dfrac{1}{6^4}+\text{etc.}}=-\frac{1\cdot2\cdot3(2^4-1)}{(2^3-1)\pi^4},$$

$$\frac{1-2^4+3^4-4^4+5^4-6^4+\text{etc.}}{1-\dfrac{1}{2^5}+\dfrac{1}{3^5}-\dfrac{1}{4^5}+\dfrac{1}{5^5}-\dfrac{1}{6^5}+\text{etc.}}=0,$$

$$\frac{1-2^5+3^5-4^5+5^5-6^5+\text{etc.}}{1-\dfrac{1}{2^6}+\dfrac{1}{3^6}-\dfrac{1}{4^6}+\dfrac{1}{5^6}-\dfrac{1}{6^6}+\text{etc.}}=+\frac{1\cdot2\cdots\cdot5(2^6-1)}{(2^5-1)\pi^6},$$

$$\frac{1-2^6+3^6-4^6+5^6-6^6+\text{etc.}}{1-\dfrac{1}{2^7}+\dfrac{1}{3^7}-\dfrac{1}{4^7}+\dfrac{1}{5^7}-\dfrac{1}{6^7}+\text{etc.}}=0,$$

$$\frac{1-2^7+3^7-4^7+5^7-6^7+\text{etc.}}{1-\dfrac{1}{2^8}+\dfrac{1}{3^8}-\dfrac{1}{4^8}+\dfrac{1}{5^8}-\dfrac{1}{6^8}+\text{etc.}}=-\frac{1\cdot2\cdots\cdot7(2^8-1)}{(2^7-1)\pi^8},$$

$$\frac{1-2^8+3^8-4^8+5^8-6^8+\text{etc.}}{1-\dfrac{1}{2^9}+\dfrac{1}{3^9}-\dfrac{1}{4^9}+\dfrac{1}{5^9}-\dfrac{1}{6^9}+\text{etc.}}=0,$$

$$\frac{1-2^9+3^9-4^9+5^9-6^9+\text{etc.}}{1-\dfrac{1}{2^{10}}+\dfrac{1}{3^{10}}-\dfrac{1}{4^{10}}+\dfrac{1}{5^{10}}-\dfrac{1}{6^{10}}+\text{etc.}}=+\frac{1\cdot2\cdots\cdot9(2^{10}-1)}{(2^9-1)\pi^{10}}$$

etc.

187

となる．また［$m=0$, $n=1$ のときは］

$$\frac{1-1+1-1+1-1+\text{etc.}}{1-\dfrac{1}{2}+\dfrac{1}{3}-\dfrac{1}{4}+\dfrac{1}{5}-\dfrac{1}{6}+\text{etc.}}=\frac{1}{2\ell 2}$$

である．

§10 次が期待される：一般に

$$\frac{1-2^{n-1}+3^{n-1}-4^{n-1}+5^{n-1}-6^{n-1}+\text{etc.}}{1-\dfrac{1}{2^n}+\dfrac{1}{3^n}-\dfrac{1}{4^n}+\dfrac{1}{5^n}-\dfrac{1}{6^n}+\text{etc.}}$$

$$=N\cdot\frac{1\cdot2\cdot3\cdots(n-1)(2^n-1)}{(2^{n-1}-1)\pi^n}$$

の形となり，

n	2,	3,	4,	5,	6,	7,	8,	9,	10	etc.
N	+1,	0,	-1,	0,	+1,	0,	-1,	0,	+1	etc.

より

$$N=-\cos.\frac{n\pi}{2}$$

と書ける．よって，予想

$$\frac{1-2^{n-1}+3^{n-1}-4^{n-1}+5^{n-1}-6^{n-1}+\text{etc.}}{1-2^{-n}+3^{-n}-4^{-n}+5^{-n}-6^{-n}+\text{etc.}}$$

$$=\frac{-1\cdot2\cdot3\cdots(n-1)(2^n-1)}{(2^{n-1}-1)\pi^n}\cos.\frac{n\pi}{2}$$

に至る．

§18 ［$n=2\lambda+1$ が 3 以上の奇数のときには］

$$1-\frac{1}{2^{2\lambda+1}}+\frac{1}{3^{2\lambda+1}}-\frac{1}{4^{2\lambda+1}}+\frac{1}{5^{2\lambda+1}}-\text{etc.}$$

$$=\frac{2(2^{2\lambda}-1)\pi^{2\lambda}}{1\cdot2\cdot3\cdots2\lambda(2^{2\lambda+1}-1)\cos.\lambda\pi}(1^{2\lambda}\ell 1-2^{2\lambda}\ell 2+3^{2\lambda}\ell 3-4^{2\lambda}\ell 4+\text{etc.})$$

と予想される．

とくに，$\lambda=1,2,3\,\text{etc.}$ に対して：

188

第 11 章　特殊値と関数等式

$$1-\frac{1}{2^3}+\frac{1}{3^3}-\frac{1}{4^3}+\text{etc.} = -\frac{2\cdot3\cdot\pi^2\,(1\ell1-2^2\ell2+3^2\ell3-4^2\ell4+\text{etc.})}{1\cdot2\cdot7},$$

$$1-\frac{1}{2^5}+\frac{1}{3^5}-\frac{1}{4^5}+\text{etc.} = +\frac{2\cdot15\cdot\pi^4\,(1\ell1-2^4\ell2+3^4\ell3-4^4\ell4+\text{etc.})}{1\cdot2\cdot3\cdot4\cdot31},$$

$$1-\frac{1}{2^7}+\frac{1}{3^7}-\frac{1}{4^7}+\text{etc.} = -\frac{2\cdot63\cdot\pi^6\,(1\ell1-2^6\ell2+3^6\ell3-4^6\ell4+\text{etc.})}{1\cdot2\cdot3\cdots6\cdot127},$$

$$1-\frac{1}{2^9}+\frac{1}{3^9}-\frac{1}{4^9}+\text{etc.} = +\frac{2\cdot255\cdot\pi^8\,(1\ell1-2^8\ell2+3^8\ell3-4^8\ell4+\text{etc.})}{1\cdot2\cdot3\cdots8\cdot511},$$

$$1-\frac{1}{2^{11}}+\frac{1}{3^{11}}-\frac{1}{4^{11}}+\text{etc.} = -\frac{2\cdot1023\cdot\pi^{10}\,(1\ell1-2^{10}\ell2+3^{10}\ell3-4^{10}\ell4+\text{etc.})}{1\cdot2\cdot3\cdots10\cdot2047},$$

etc.

§ 19

$$1+\frac{1}{3^m}+\frac{1}{5^m}+\frac{1}{7^m}+\frac{1}{9^m}+\text{etc.}$$

は

$$\frac{2^m-1}{2(2^{m-1}-1)}\left(1-\frac{1}{2^m}+\frac{1}{3^m}-\frac{1}{4^m}+\frac{1}{5^m}-\text{etc.}\right)$$

と等しいことを用いると等式は簡単な形になる：

$$1+\frac{1}{3^{2\lambda+1}}+\frac{1}{5^{2\lambda+1}}+\frac{1}{7^{2\lambda+1}}+\frac{1}{9^{2\lambda+1}}+\text{etc.}$$

$$=-\frac{\pi^{2\lambda}}{1\cdot2\cdot3\cdots2\lambda\cos.\lambda\pi}\,(2^{2\lambda}\ell2-3^{2\lambda}\ell3+4^{2\lambda}\ell4-5^{2\lambda}\ell5+\text{etc.}).$$

とくに

$$1+\frac{1}{3^3}+\frac{1}{5^3}+\frac{1}{7^3}+\text{etc.} = +\frac{\pi^2\,(2^2\ell2-3^2\ell3+4^2\ell4-\text{etc.})}{1\cdot2},$$

$$1+\frac{1}{3^5}+\frac{1}{5^5}+\frac{1}{7^5}+\text{etc.} = -\frac{\pi^4\,(2^4\ell2-3^4\ell3+4^4\ell4-\text{etc.})}{1\cdot2\cdot3\cdot4},$$

$$1+\frac{1}{3^7}+\frac{1}{5^7}+\frac{1}{7^7}+\text{etc.} = +\frac{\pi^6\,(2^6\ell2-3^6\ell3+4^6\ell4-\text{etc.})}{1\cdot2\cdot3\cdot4\cdot5\cdot6},$$

$$1+\frac{1}{3^9}+\frac{1}{5^9}+\frac{1}{7^9}+\text{etc.} = -\frac{\pi^8\,(2^8\ell2-3^8\ell3+4^8\ell4-\text{etc.})}{1\cdot2\cdot3\cdot4\cdot5\cdot6\cdot7\cdot8},$$

etc.

189

11.2 オイラー論文の解説

E41 は，バーゼル問題の解決という有名な結果

$$\zeta(2) = \frac{\pi^2}{6}$$

を得た論文である，より一般に $n = 1, 2, 3, \cdots$ に対して

$$\zeta(2n) = (-1)^{n-1} \frac{B_{2n}(2\pi)^{2n}}{2(2n)!}$$

を示した．ここで，B_k は（$|x| < 2\pi$ における展開）

$$\frac{x}{e^x - 1} = \sum_{k=0}^{\infty} \frac{B_k}{k!} x^k$$

によって定まるベルヌイ数である．B_k は有理数である．

例 $B_0 = 1,\ B_1 = -\dfrac{1}{2},\ B_2 = \dfrac{1}{6},\ B_3 = 0,$

$B_4 = -\dfrac{1}{30},\ B_5 = 0,\ B_6 = \dfrac{1}{42},\ B_7 = 0,$

$B_8 = -\dfrac{1}{30},\ B_9 = 0,\ B_{10} = \dfrac{5}{66}.$

オイラーの証明法は意外なものであった．一見すると関係なさそうな『$\sin x$ の零点全体を見つめる』ことから出発する．すると，$\sin x$ の零点に関する無限積分解

$$\sin x = x \prod_{n=1}^{\infty} \left(1 - \frac{x^2}{n^2 \pi^2}\right)$$

を得る．これは，『因数分解』そのものであり，『零点原理』と呼ぶべきものである．

この無限積を展開すると

$$\sin x = x - \frac{\zeta(2)}{\pi^2} x^3 + \cdots$$

となる．一方，$\sin x$ の級数展開（ライプニッツ）

$$\sin x = \sum_{n=0}^{\infty} \frac{(-1)^n}{(2n+1)!} x^{2n+1}$$

$$= x - \frac{1}{6} x^3 + \cdots$$

を比較して

$$\zeta(2) = \frac{\pi^2}{6}$$

を得るのである．見事としか良いようがない．

一般の $\zeta(2n)$ を求めるには等式

$$\sin(\pi x) = \pi x \prod_{m=1}^{\infty} \left(1 - \frac{x^2}{m^2}\right)$$

を対数微分した

$$\pi \cot(\pi x) = \frac{1}{x} - \sum_{m=1}^{\infty} \frac{2x}{m^2 - x^2}$$

からはじめるのが簡明である：これもオイラーの方法である．

まず，右辺を $|x| < 1$ において

$$\frac{1}{x} - \sum_{m=1}^{\infty} \frac{2x}{m^2 - x^2} = \frac{1}{x} - \frac{2}{x} \sum_{m=1}^{\infty} \frac{x^2}{m^2 - x^2}$$

$$= \frac{1}{x} - \frac{2}{x} \sum_{m=1}^{\infty} \frac{\dfrac{x^2}{m^2}}{1 - \dfrac{x^2}{m^2}}$$

$$= \frac{1}{x} - \frac{2}{x} \sum_{m=1}^{\infty} \sum_{n=1}^{\infty} \left(\frac{x^2}{m^2}\right)^n$$

$$= \frac{1}{x} - \frac{2}{x} \sum_{n=1}^{\infty} \zeta(2n) x^{2n}$$

と展開する．したがって，

$$\sum_{n=1}^{\infty} \zeta(2n)x^{2n} = -\frac{x}{2}\left(\pi\cot(\pi x) - \frac{1}{x}\right)$$

$$= -\frac{\pi x}{2}\cot(\pi x) + \frac{1}{2}$$

$$= -\frac{\pi x}{2}\cdot\frac{\cos(\pi x)}{\sin(\pi x)} + \frac{1}{2}$$

$$= -\frac{\pi i x}{2}\cdot\frac{e^{\pi i x} + e^{-\pi i x}}{e^{\pi i x} - e^{-\pi i x}} + \frac{1}{2}$$

$$= -\frac{\pi i}{2}\left(1 + \frac{2e^{-\pi i x}}{e^{\pi i x} - e^{-\pi i x}}\right) + \frac{1}{2}$$

$$= -\frac{1}{2}\cdot\frac{2\pi i x}{e^{2\pi i x} - 1} - \frac{\pi i x}{2} + \frac{1}{2}$$

となる．ここで，ベルヌイ数の母関数を用いると

$$\sum_{n=1}^{\infty} \zeta(2n)x^{2n} = -\frac{1}{2}\cdot\sum_{k=0}^{\infty}\frac{B_k}{k!}(2\pi i x)^k - \frac{\pi i x}{2} + \frac{1}{2}$$

$$= -\frac{1}{2}\cdot\sum_{k=0}^{\infty}\frac{B_k(2\pi i)^k}{k!}x^k - \frac{\pi i}{2}x + \frac{1}{2}$$

$$= -\frac{1}{2}\cdot\sum_{k=2}^{\infty}\frac{B_k(2\pi i)^k}{k!}x^k$$

であるから，x^{2n} の係数を比較して

$$\zeta(2n) = -\frac{B_{2n}(2\pi i)^{2n}}{2(2n)!}$$

$$= (-1)^{n-1}\frac{B_{2n}(2\pi)^{2n}}{2(2n)!}$$

となる．

なお，オイラーは E41 に至る前に 1731 年の論文 E20（I－14，p.25－41）において

$$\zeta(2) = \sum_{n=1}^{\infty}\frac{1}{2^{n-1}n^2} + (\log 2)^2$$

$$= 1\cdot644934\cdots$$

を示していたのであったが，そのときには，値が $\dfrac{\pi^2}{6}$ を指して

いることには気付いてはいなかった．

第 11 章　特殊値と関数等式

さて，E352 の関数等式に移ろう．関数等式は 1859 年のリーマンの論文（リーマン予想を提出した有名な論文）において，オイラーの言っていた通りの形

$$\zeta(1-s) = \zeta(s)2(2\pi)^{-s}\Gamma(s)\cos\left(\frac{\pi s}{2}\right)$$

で証明された．リーマンは，そのためにオイラーの積分表示（1768 の論文 E393，§20，I – 15，p.111 – 112）

$$\zeta(s) = \frac{1}{\Gamma(s)}\int_0^1 \frac{\left(\log\frac{1}{x}\right)^{s-1}}{1-x}dx$$
$$= \frac{1}{\Gamma(s)}\int_0^\infty \frac{t^{s-1}}{e^t-1}dt$$

を領域 $\mathrm{Re}(s)>1$ において用いてから，すべての複素数 s へと $\zeta(s)$ を有理型関数として解析接続した上で，上記の関数等式を証明したのであった．さらにリーマンは，この関数等式は完備（リーマン）ゼータ関数

$$\hat{\zeta}(s) = \zeta(s)\pi^{-\frac{s}{2}}\Gamma\left(\frac{s}{2}\right)$$

に対する完全対称な関数等式

$$\hat{\zeta}(1-s) = \hat{\zeta}(s)$$

にも書き換えられる（同値である）ことを示した．オイラーの求めた公式

$$\zeta(1-n) = (-1)^{n-1}\frac{B_n}{n} \ (n=1,2,3,\cdots)$$

は，このように解析接続した上で証明される．

　ここで，重要な事実を指摘しておこう．オイラーは，E352 の 10 年前の論文 E130（1739 年執筆，I – 14，p.407 – 462）において，発散級数の和も関数等式も次の形で得ていたのである（§31）：

193

$$1-2+3-4+\text{etc.} = \frac{1}{4} = \frac{2\cdot 1}{\pi^2}\left(1+\frac{1}{3^2}+\frac{1}{5^2}+\text{etc.}\right),$$

$$1-2^3+3^3-4^3+\text{etc.} = \frac{-1}{8} = \frac{-2\cdot 1\cdot 2\cdot 3}{\pi^4}\left(1+\frac{1}{3^4}+\frac{1}{5^4}+\text{etc.}\right),$$

$$1-2^5+3^5-4^5+\text{etc.} = \frac{1}{4} = \frac{2\cdot 1\cdot 2\cdot 3\cdot 4\cdot 5}{\pi^6}\left(1+\frac{1}{3^6}+\frac{1}{5^6}+\text{etc.}\right),$$

$$1-2^7+3^7-4^7+\text{etc.} = \frac{-17}{16} = \frac{-2\cdot 1\cdot 2\cdots 7}{\pi^8}\left(1+\frac{1}{3^8}+\frac{1}{5^8}+\text{etc.}\right)$$

etc.

さらには，その論文の §30 には

$$1-2^2+3^2-4^2+\text{etc.} = 0,$$

$$1-2^4+3^4-4^4+\text{etc.} = 0,$$

$$1-2^6+3^6-4^6+\text{etc.} = 0$$

etc.

が書かれている．これが史上初のゼータ関数の零点の発見であり，1739 年のことであった．それからちょうど 120 年後の1859 年にリーマンはゼータ関数の零点の研究を推し進めてリーマン予想に至ったのである．

このように見ると，E352 の内容は E130 においてほぼ得られていたと考えることができる．より細かく見ると

$$\left\{\begin{array}{l}\text{・特殊値：28 歳（1735 年）}\\ \text{・オイラー積：30 歳（1737 年）}\\ \text{・関数等式：32 歳（1739 年）}\end{array}\right.$$

となっていて，オイラーの 28 歳〜32 歳の進展に驚かされる．

E352 の魅力的なところも述べておこう．それは，太陽 $\odot$ と月 ρ の対比が鮮やかになっていて，「双対性」の考え方が明示されていることである．さらに，E130 には見られない重要な点にこれから触れておこう．

本章で取り上げた計算を $\zeta(s)$ の特殊値（s は整数）から見直してみると

第 11 章　特殊値と関数等式

$$\zeta(1) = \infty\,[\text{正規化は }\gamma], \quad \zeta(0) = -\frac{1}{2}$$

$$\zeta(2) = \frac{\pi^2}{6}, \qquad\qquad \zeta(-1) = -\frac{1}{12}$$

$$\zeta(3) = \boxed{?}, \qquad\qquad \zeta(-2) = 0$$

$$\zeta(4) = \frac{\pi^4}{90}, \qquad\qquad \zeta(-3) = \frac{1}{120}$$

$$\zeta(5) = \boxed{?}, \qquad\qquad \zeta(-4) = 0$$

$$\vdots \qquad\qquad\qquad \vdots$$

となっている．この表の中で値が与えられていないものは 3 以上の奇数 n に対する $\zeta(n)$ である．オイラーは一生を通して，この問題を長い時間考えていた．そして，E352 の §19 で得た関係式

$$1 + \frac{1}{3^3} + \frac{1}{5^3} + \frac{1}{7^3} + \text{etc.} = +\frac{\pi^2(2^2\ell 2 - 3^2\ell 3 + 4^2\ell 4 - \text{etc.})}{1\cdot 2}$$

が鍵であったことに思い至ったのは 23 年後のことであった．この重要な関係式こそ E130 にはなかったものである．この関係式が

$$\zeta(3) = -4\pi^2\zeta'(-2)$$

と書き換えられること，および，関数等式

$$\zeta(1-s) = \zeta(s)2(2\pi^{-s})\Gamma(s)\cos\left(\frac{\pi s}{2}\right)$$

から従うこと，については練習問題にしておこう．

　付記しておくと，関数等式

$$\zeta(1-s) \longleftrightarrow \zeta(s)$$

は，つい

$$\zeta(-2) \longleftrightarrow \zeta(3)$$

と思い込んでしまって，$\zeta(-2) = 0$ と $\zeta(3)$ の値とが結びついていると誤解しがちであるが，オイラーはさすがに鋭く

$$\zeta'(-2) \longleftrightarrow \zeta(3)$$

と本質を見抜いていたのである．

オイラーが長年の宿願としていた「$\zeta(3)$ の謎」を追求した研究の結末については次章のおたのしみとしよう．

11.3 練習問題

=== 練習問題 1 ===

オイラーの関係式

$$1+\frac{1}{3^3}+\frac{1}{5^3}+\frac{1}{7^3}+\text{etc.} = +\frac{\pi^2(2^2\ell 2-3^2\ell 3+4^2\ell 4-\text{etc.})}{1\cdot 2}$$

は

$$\zeta(3) = -4\pi^2\zeta'(-2)$$

と同値と考えられることを示せ．

[**解答**] まず

$$\sum_{n:\text{奇数}} n^{-s} = \sum_{n=1}^{\infty} n^{-s} - \sum_{n=1}^{\infty} (2n)^{-s}$$
$$= (1-2^{-s})\zeta(s)$$

であるから

$$1+\frac{1}{3^3}+\frac{1}{5^3}+\frac{1}{7^3}+\text{etc.} = (1-2^{-3})\zeta(3) = \frac{7}{8}\zeta(3)$$

である．さらに

$$\varphi(s) = \sum_{n=1}^{\infty} (-1)^{n-1}n^{-s} = 1-2^{-s}+3^{-s}-4^{-s}+\cdots$$

とおくと

$$\varphi(s) = \sum_{n:\text{奇数}} n^{-s} - \sum_{n=1}^{\infty} (2n)^{-s}$$
$$= (1-2^{-s})\zeta(s) - 2^{-s}\zeta(s)$$
$$= (1-2^{1-s})\zeta(s)$$

第 11 章　特殊値と関数等式

であるから，$\zeta(-2)=0$ に注意すると
$$\varphi'(-2)=(1-2^3)\,\zeta'(-2)=-7\zeta'(-2)$$
となる．ここで，
$$2^2\ell2-3^2\ell3+4^2\ell4-\text{etc.}=\varphi'(-2)$$
と考えることができるので
$$\frac{\pi^2(2^2\ell2-3^2\ell3+4^2\ell4-\text{etc.})}{1\cdot2}=\frac{\pi^2}{2}\varphi'(-2)$$
$$=-\frac{7\pi^2}{2}\zeta'(-2)$$
となる．よってオイラーの等式は
$$\frac{7}{8}\zeta(3)=-\frac{7\pi^2}{2}\zeta'(-2)$$
となり，
$$\zeta(3)=-4\pi^2\zeta'(-2)$$
となる．　　　　　　　　　　　　　　　　　　　　　　　　[解答終]

═══ 練習問題 2 ═══

関数等式
$$\zeta(1-s)=\zeta(s)2(2\pi)^{-s}\,\Gamma(s)\cos\!\left(\frac{\pi s}{2}\right)$$
から等式
$$\zeta(3)=-4\pi^2\zeta'(-2)$$
を示せ．

[解答]　関数等式の両辺を $s=3$ において微分すればよい．あるいは，同じことであるが
$$\frac{\zeta(1-s)}{\cos\!\left(\dfrac{\pi s}{2}\right)}=\zeta(s)2(2\pi)^{-s}\,\Gamma(s)$$
において $s\to3$ とすると，左辺の分子・分母が 1 位の零点にな

197

っていることから

$$\frac{-\zeta'(-2)}{-\dfrac{\pi}{2}\sin\left(\dfrac{3\pi}{2}\right)} = \zeta(3)2(2\pi)^{-3}\,\Gamma(3)$$

となる. よって

$$\zeta(3) = -4\pi^2\zeta'(-2)$$

を得る.   ［**解答終**］

第12章

ゼータの起源と $\zeta(3)$

　オイラーのゼータ関数論を巡る旅も終りに近づいて来た．本章は，オイラーの終生の課題であった $\zeta(3)$ を研究した 1772 年の論文に焦点をあてる．この論文を読み進めると，「ゼータ」という呼び名の起源がオイラーにあったことも自然とわかってくることだろう．

12.1　オイラーの論文

論文

"Exercitationes Analyticae" ［解析的練習］ Novi Commentarii Academiae Scientiarum Petropolitanae 17 （1772）, p.173–204 （E432, 1772 年 5 月 18 日付け，全集 I–15, p.131–167）

を読もう．この論文を書いたときのオイラーは 65 歳であった．偶然にも，これを書いている私の現在の年齢と一致しており，身近に感ずる．尊敬する数学者が自分と同じ年齢のときにどのような論文を書いていたかを調べることは，親しみを増すのに絶好の方法であり，読者にすすめたい．本書ではゼータ関数論に制限したため，オイラーの 30 歳前後（28 歳〜32 歳）と 60 歳代が中心となった．本章は後者に属する，もちろん，他の年

代でもオイラーは面白い驚嘆すべき論文を沢山書いているので
幅広い年代にわたって楽しんで頂けること間違いなしである.

§1 発散級数

$$1-2^m+3^m-4^m+5^m-\text{etc.}$$

と収束級数

$$1+\frac{1}{3^n}+\frac{1}{5^n}+\frac{1}{7^n}+\frac{1}{9^n}+\text{etc.}$$

は次の型の関係がある ［E352 の結果］:

$$1-2^0+3^0-4^0+\text{etc.}=\frac{1}{2},$$

$$1-2^1+3^1-4^1+\text{etc.}=\frac{1}{4}=+\frac{2\cdot1}{\pi^2}\left(1+\frac{1}{3^2}+\frac{1}{5^2}+\frac{1}{7^2}+\text{etc.}\right),$$

$$1-2^2+3^2-4^2+\text{etc.}=\frac{0}{8},$$

$$1-2^3+3^3-4^3+\text{etc.}=-\frac{2}{16}=-\frac{2\cdot1\cdot2\cdot3}{\pi^4}\left(1+\frac{1}{3^4}+\frac{1}{5^4}+\frac{1}{7^4}+\text{etc.}\right),$$

$$1-2^4+3^4-4^4+\text{etc.}=\frac{0}{32},$$

$$1-2^5+3^5-4^5+\text{etc.}=\frac{16}{64}$$
$$=+\frac{2\cdot1\cdot2\cdot3\cdot4\cdot5}{\pi^6}\left(1+\frac{1}{3^6}+\frac{1}{5^6}+\frac{1}{7^6}+\text{etc.}\right),$$

$$1-2^6+3^6-4^6+\text{etc.}=\frac{0}{128},$$

$$1-2^7+3^7-4^7+\text{etc.}=-\frac{272}{256}$$
$$=-\frac{2\cdot1\cdot2\cdots7}{\pi^8}\left(1+\frac{1}{3^8}+\frac{1}{5^8}+\frac{1}{7^8}+\text{etc.}\right),$$

$$1-2^8+3^8-4^8+\text{etc.}=\frac{0}{512},$$

$$1-2^9+3^9-4^9+\text{etc.}=\frac{7936}{1024}$$
$$=+\frac{2\cdot1\cdot2\cdots9}{\pi^{10}}\left(1+\frac{1}{3^{10}}+\frac{1}{5^{10}}+\frac{1}{7^{10}}+\text{etc.}\right).$$

第 12 章　ゼータの起源と ζ（3）

§4

一般には

$$1-2^{n-1}+3^{n-1}-4^{n-1}+\text{etc.}$$

$$=2\cos.\frac{n-2}{2}\pi\cdot\frac{1\cdot2\cdot3\cdots(n-1)}{\pi^n}\left(1+\frac{1}{3^n}+\frac{1}{5^n}+\text{etc.}\right)$$

となる．逆にすると

$$1+\frac{1}{3^n}+\frac{1}{5^n}+\frac{1}{7^n}+\text{etc.}$$

$$=\frac{1}{2\cos.\dfrac{n-2}{2}\pi}\cdot\frac{\pi^n}{1\cdot2\cdot3\cdots(n-1)}(1-2^{n-1}+3^{n-1}-4^{n-1}+\text{etc.})$$

である．

§6 　　n を 3 以上の奇数とし，ω を無限小とすると関係等式は

$$1+\frac{1}{3^{n+\omega}}+\frac{1}{5^{n+\omega}}+\frac{1}{7^{n+\omega}}+\text{etc.}$$

$$=\frac{1}{2\cos.\dfrac{n-2+\omega}{n}\pi}\cdot\frac{\pi^{n+\omega}}{1\cdot2\cdots(n-1+\omega)}(1-2^{n-1+\omega}+3^{n-1+\omega}-4^{n-1+\omega}+\text{etc.}).$$

§7 　　$n=3$ のときに計算すると

$$1+\frac{1}{3^3}+\frac{1}{5^3}+\frac{1}{7^3}+\text{etc.}-\omega\left(\ell1+\frac{\ell3}{3^3}+\frac{\ell5}{5^3}+\frac{\ell7}{7^3}+\text{etc.}\right)$$

$$=\frac{-1}{\pi\omega}\cdot\frac{\pi^3(1+\omega\ell\pi)}{2+(3-2\lambda)\omega}(1-2^2+3^2-4^2+\text{etc.}-\omega(2^2\ell2-3^2\ell3+4^2\ell4-\text{etc.}))$$

となる．ただし

$$\lambda=0.5772156649015328$$

はオイラー定数．

よって，

$$1-2^2+3^2-4^2+\text{etc.}=0$$

を用いて $\omega=0$ とおくと

$$1+\frac{1}{3^3}+\frac{1}{5^3}+\frac{1}{7^3}+\text{etc.}=\frac{1}{2}\pi^2(2^2\ell2-3^2\ell3+4^2\ell4-5^2\ell5+\text{etc.})$$

201

を得る．同様に：

$$1+\frac{1}{3^5}+\frac{1}{5^5}+\frac{1}{7^5}+\text{etc.}$$

$$=\frac{-\pi^4}{1\cdot2\cdot3\cdot4}\left(2^4\ell2-3^4\ell3+4^4\ell4-5^4\ell5+\text{etc.}\right),$$

$$1+\frac{1}{3^7}+\frac{1}{5^7}+\frac{1}{7^7}+\text{etc.}$$

$$=\frac{+\pi^6}{1\cdot2\cdots6}\left(2^6\ell2-3^6\ell3+4^6\ell4-5^6\ell5+\text{etc.}\right),$$

$$1+\frac{1}{3^9}+\frac{1}{5^9}+\frac{1}{7^9}+\text{etc.}$$

$$=\frac{-\pi^8}{1\cdot2\cdots8}\left(2^8\ell2-3^8\ell3+4^8\ell4-5^8\ell5+\text{etc.}\right)$$

$$\text{etc.}$$

§8 無限級数を

$$2^2\ell2-3^2\ell3+4^2\ell4-5^2\ell5+6^2\ell6-7^2\ell7+\text{etc.}=Z$$

と名付けると

$$1+\frac{1}{3^3}+\frac{1}{5^3}+\frac{1}{7^3}+\text{etc.}=\frac{1}{2}\pi\pi Z$$

となる．

Z は

$$Z=\ell2-3\ell\frac{3}{2}+6\ell\frac{4}{3}-10\ell\frac{5}{4}+15\ell\frac{6}{5}-21\ell\frac{7}{6}+\text{etc.}$$

および

$$Z=\ell\frac{2\cdot2}{1\cdot3}+4\ell\frac{4\cdot4}{3\cdot5}+9\ell\frac{6\cdot6}{5\cdot7}+16\ell\frac{8\cdot8}{7\cdot9}+25\ell\frac{10\cdot10}{9\cdot11}+\text{etc.}$$

$$-2\ell\frac{3\cdot3}{2\cdot4}-6\ell\frac{5\cdot5}{4\cdot6}-12\ell\frac{7\cdot7}{6\cdot8}-20\ell\frac{9\cdot9}{8\cdot10}-\text{etc.}$$

と変形できる．

第 12 章　ゼータの起源とζ（3）

§ 10

$$1+\frac{1}{2^2}+\frac{1}{3^2}+\frac{1}{4^2}+\text{etc.}=\alpha\pi^2,$$

$$1+\frac{1}{2^4}+\frac{1}{3^4}+\frac{1}{4^4}+\text{etc.}=\beta\pi^4,$$

$$1+\frac{1}{2^6}+\frac{1}{3^6}+\frac{1}{4^6}+\text{etc.}=\gamma\pi^6,$$

$$1+\frac{1}{2^8}+\frac{1}{3^8}+\frac{1}{4^8}+\text{etc.}=\delta\pi^8$$

etc.

とおくと

$$Z=\frac{1}{2^2}\cdot\frac{1}{2}+\frac{1}{2\cdot2^4}\left(\alpha\pi^2+\frac{1}{2}+\frac{1}{6}+\frac{1}{12}+\text{etc.}\right)$$

$$+\frac{1}{3\cdot2^6}\left(\beta\pi^4-\frac{1}{2^2}-\frac{1}{6^2}-\frac{1}{12^2}-\text{etc.}\right)$$

$$+\frac{1}{4\cdot2^8}\left(\gamma\pi^6+\frac{1}{2^3}+\frac{1}{6^3}+\frac{1}{12^3}+\text{etc.}\right)$$

$$+\frac{1}{5\cdot2^{10}}\left(\delta\pi^8-\frac{1}{2^4}-\frac{1}{6^4}-\frac{1}{12^4}-\text{etc.}\right)$$

$$+\frac{1}{6\cdot2^{12}}\left(\varepsilon\pi^{10}+\frac{1}{2^5}+\frac{1}{6^5}+\frac{1}{12^5}+\text{etc.}\right)$$

etc.

となる．

§ 20

$$Z=\frac{1}{4}-\frac{\alpha\pi^2}{3\cdot4\cdot2^2}-\frac{\beta\pi^4}{5\cdot6\cdot2^4}$$

$$-\frac{\gamma\pi^6}{7\cdot8\cdot2^6}-\frac{\delta\pi^8}{9\cdot10\cdot2^8}-\frac{\varepsilon\pi^{10}}{11\cdot12\cdot2^{10}}-\text{etc.}$$

と

$$1+\frac{1}{3^3}+\frac{1}{5^3}+\frac{1}{7^3}+\text{etc.}=\frac{1}{2}\pi\pi Z$$

より

$$1+\frac{1}{3^3}+\frac{1}{5^3}+\frac{1}{7^3}+\text{etc.}$$

$$=\frac{1}{8}\pi\pi-\frac{2\alpha\pi^4}{3\cdot4\cdot2^4}-\frac{2\beta\pi^6}{5\cdot6\cdot2^6}-\frac{2\gamma\pi^8}{7\cdot8\cdot2^8}-\text{etc.}$$

203

となる．

§ 21

$$1+\frac{1}{3^3}+\frac{1}{5^3}+\frac{1}{7^3}+\text{etc.}$$

$$=\frac{\pi}{2}\int\frac{\varphi d\varphi}{\text{tang.}\varphi}-\int\frac{\varphi\varphi d\varphi}{\text{tang.}\varphi}$$

$$=2\int\varphi d\varphi\ell\sin.\varphi-\frac{\pi}{2}\int d\varphi\ell\sin.\varphi$$

において

$$\int d\varphi\ell\sin.\varphi=-\frac{\pi\ell2}{2}$$

を用いると

$$1+\frac{1}{3^3}+\frac{1}{5^3}+\frac{1}{7^3}+\text{etc.}=\frac{\pi\pi}{4}\ell2+2\int\varphi d\varphi\ell\sin.\varphi$$

を得る．ただし，ここの積分はすべて $\varphi=0$ から $\varphi=\frac{\pi}{2}$ まで
の積分である．

12.2 オイラー論文の解説

オイラーは $\zeta(3)$ を求めることに何度も挑戦している．本論
文 E432 は，その一つの頂点といえる．

オイラーは 23 年前の論文 E352（1749 年）で発見した等式

$$1+\frac{1}{3^3}+\frac{1}{5^3}+\frac{1}{7^3}+\text{etc.}=\frac{1}{2}\pi^2(2^2\ell2-3^2\ell3+4^2\ell4-5^2\ell5+\text{etc.})$$

から出発する．これは第 11 章で説明した通り，関係式

$$\zeta(3)=-4\pi^2\zeta'(2)$$

と同値である．

オイラーは

$$Z=2^2\ell2-3^2\ell3+4^2\ell4-5^2\ell5+\text{etc.}$$

と名付ける．これは

204

$$Z = -7\zeta'(-2)$$

に他ならない．この1772年のオイラーによる名付け Z ——ラテン語読みは「ゼータ」——が史上初の「ゼータ」の呼び名であり，現在のゼータ関数に至っている．

　もちろん，一般には，87年後の1859年のリーマンによる名付け「ゼータ」が有名になり過ぎてしまってはいるのである——ゼータ関数のオイラーによる積分表示に言及しないなどリーマンには不自然なところも多い——が，オイラーのこの名付けを忘れたくない．

　さて，オイラーは発散級数の名人であり，発散級数に持ち込めば何とかなると思っていたフシがある．本書でも何度か目にした，本章も，$\zeta(3)$ という収束級数より $\zeta'(-2)$ という発散級数を対象として何度も変形して行き——したがって Z も何度もでてくる——，最後に

$$1 + \frac{1}{3^3} + \frac{1}{5^3} + \frac{1}{7^3} + \cdots = \frac{\pi^2}{4}\log 2 + 2\int_0^{\frac{\pi}{2}} x\log(\sin x)dx$$

を得るのである．つまり，

$$\zeta(3) = \frac{2\pi^2}{7}\log 2 + \frac{16}{7}\int_0^{\frac{\pi}{2}} x\log(\sin x)dx$$

が結論である．

　この解説では，オイラーの結論を発散級数を用いずに証明しておく．

　まず，オイラーによる展開

$$\log(\sin x) = -\log 2 - \sum_{n=1}^{\infty} \frac{\cos(2nx)}{n}$$

を $0 < x < \pi$ において用いることにしよう．これは，E393「ベルヌイ数を含む級数の和」（1768年8月18日付）の §37 にある（全集 I–15, p.130）．ちなみに，この論文はゼータ関数の

205

積分表示

$$\zeta(s) = \frac{1}{\Gamma(s)} \int_0^1 \frac{\left(\log \frac{1}{x}\right)^{s-1}}{1-x} \, dx$$

を与えた論文でもある（§20, 全集 I – 15, p.111– 112；この積分表示はリーマンが 1859 年に $\zeta(s)$ の解析接続に使うことになるが, そこにはオイラーが 1768 年に発見したことへの言及はない）. また, 論文の終りで

$$\int_0^{\frac{\pi}{2}} \log(\sin x) dx = -\frac{\pi}{2} \log 2$$

という有名な積分（不定積分は求まらないが定積分は求まるという例として『微分積分』においてよく出てくる）も計算している（§37, 全集 I – 15, p.130）. その証明は

$$\int_0^{\frac{\pi}{2}} \log(\sin x) dx = \int_0^{\frac{\pi}{2}} \left(-\log 2 - \sum_{n=1}^{\infty} \frac{\cos(2nx)}{n} dx \right)$$
$$= -\frac{\pi}{2} \log 2$$

と自然で明快である.（『微分積分』では三角関数の 2 倍角の公式を用いるという巧妙なトリック——それも, オイラーの創案——を使う；§36, 全集 I – 15, p.128 - 130）. ここで,

$$\int_0^{\frac{\pi}{2}} \cos(2nx) dx = 0$$

を用いている.

　オイラーの公式

$$\int_0^{\frac{\pi}{2}} \log(\sin x) dx = -\frac{\pi}{2} \log 2$$

は多重三角関数論からも重要であるので一言説明しておこう：詳しくは

　　黒川信重『現代三角関数論』岩波書店, 2013 年

を見られたい. そのためには, 二重三角関数

$$\mathcal{S}_2(x) = e^x \prod_{n=1}^{\infty} \left\{ \left(\frac{1-\frac{x}{n}}{1+\frac{x}{n}} \right)^n e^{2x} \right\}$$

を用いるのがわかりやすい．これは積分表示

$$\mathcal{S}_2(x) = \exp\left(\int_0^x \pi t \cot(\pi t) dt \right)$$

を持つ．とくに，

$$\begin{aligned}
\log \mathcal{S}_2\left(\frac{1}{2}\right) &= \int_0^{\frac{1}{2}} \pi t \cot(\pi t) dt \\
&= \left[t \log(\sin \pi t) \right]_0^{\frac{1}{2}} - \int_0^{\frac{1}{2}} \log(\sin \pi t) dt \\
&= -\int_0^{\frac{1}{2}} \log(\sin \pi t) dt \\
&= -\frac{1}{\pi} \int_0^{\frac{\pi}{2}} \log(\sin x) dx
\end{aligned}$$

となるので

$$\int_0^{\frac{\pi}{2}} \log(\sin x) dx = -\frac{\pi}{2} \log 2 \Longleftrightarrow \mathcal{S}_2\left(\frac{1}{2}\right) = \sqrt{2}$$

と書き換えることができる．二重三角関数の特殊値表示 $\mathcal{S}_2\left(\frac{1}{2}\right) = \sqrt{2}$ の何通りもの証明は『現代三角関数論』で読まれたい．

なお，オイラー展開式

$$\log(\sin x) = -\log 2 - \sum_{n=1}^{\infty} \frac{\cos(2nx)}{n}$$

を見るには

$$\log(1 - e^{2ix}) = -\sum_{n=1}^{\infty} \frac{e^{2inx}}{n}$$

の両辺の実部を比較して

$$\begin{aligned}
\text{左辺の実部} &= \operatorname{Re} \log(1 - e^{2ix}) \\
&= \log|1 - e^{2ix}| \\
&= \log(2 \sin x),
\end{aligned}$$

$$右辺の実部 = -\sum_{n=1}^{\infty}\frac{\cos(2nx)}{n}$$

に注意すればよい.

オイラーの $\zeta(3)$ に対する公式も

$$\int_0^{\frac{2}{\pi}}\log(\sin x)dx = -\frac{\pi}{2}\log 2$$

の上記の証明と同様にすると得ることができる（あるいは，三重三角関数論を用いると良い）．そのために，積分

$$I = \int_0^{\frac{\pi}{2}} x\log(\sin x)dx$$

を計算しよう．すると

$$I = \int_0^{\frac{\pi}{2}} x\left(-\log 2 - \sum_{n=1}^{\infty}\frac{\cos(2nx)}{n}\right)dx$$

$$= -\int_0^{\frac{\pi}{2}}(\log 2)xdx - \sum_{n=1}^{\infty}\frac{1}{n}\int_0^{\frac{\pi}{2}} x\cos(2nx)dx$$

となるが，

$$\int_0^{\frac{\pi}{2}}(\log 2)xdx = \frac{\pi^2}{8}\log 2,$$

$$\int_0^{\frac{\pi}{2}} x\cos(2nx)dx = \left[x\frac{\sin(2nx)}{2n}\right]_0^{\frac{\pi}{2}} - \int_0^{\frac{\pi}{2}}\frac{\sin(2nx)}{2n}dx$$

$$= \frac{1}{4n^2}\left[\cos(2nx)\right]_0^{\frac{\pi}{2}}$$

$$= \frac{(-1)^n - 1}{4n^2}$$

$$= \begin{cases} -\dfrac{1}{2n^2} & \cdots\cdots\ n\ は奇数 \\ 0 & \cdots\cdots\ n\ は偶数 \end{cases}$$

より

$$I = -\frac{\pi^2}{8}\log 2 + \frac{1}{2}\sum_{n:奇数}\frac{1}{n^3}$$

を得る．これから

$$\sum_{n:奇数} \frac{1}{n^3} = \frac{\pi^2}{4} \log 2 + 2 \int_0^{\frac{\pi}{2}} x \log(\sin x) dx$$

というオイラーの表示がわかる．したがって

$$\zeta(3) = \frac{2\pi^2}{7} \log 2 + \frac{16}{7} \int_0^{\frac{\pi}{2}} x \log(\sin x) dx$$

に至る．

　これが，オイラーの $\zeta(3)$ に関する長い旅の一つの帰結である．オイラーは 65 歳になっていた．オイラーの若い頃の話は第 11 章でした通り，$\zeta(2), \zeta(4), \zeta(6), \cdots$ を 28 歳（論文 E41,1735 年）のときに求め，$\zeta(1), \zeta(0), \zeta(-1), \zeta(-2), \cdots$ も 32 歳（論文 E130, 1739 年）までに得た．残りの $\zeta(3), \zeta(5), \zeta(7), \cdots$ はオイラーが何としても解決したい問題だった．たとえば，E130（全集 I – 14, p.407 – 462）では §31（I – 14,p.444）までで $\zeta(s)$ の関数等式を得たあとは，§32 から最後まで（I – 14,p.444 – 462）次の計算を行っている：

$$1 - \frac{1}{2} + \frac{1}{3} - \frac{1}{4} + \frac{1}{5} - \frac{1}{6} + \text{etc.} = A\pi = \ell 2,$$
$$1 - \frac{1}{2^3} + \frac{1}{3^3} - \frac{1}{4^3} + \frac{1}{5^3} - \frac{1}{6^3} + \text{etc.} = B\pi^3,$$
$$1 - \frac{1}{2^5} + \frac{1}{3^5} - \frac{1}{4^5} + \frac{1}{5^5} - \frac{1}{6^5} + \text{etc.} = C\pi^5,$$
$$1 - \frac{1}{2^7} + \frac{1}{3^7} - \frac{1}{4^7} + \frac{1}{5^7} - \frac{1}{6^7} + \text{etc.} = D\pi^7$$
$$\text{etc.}$$

とおいて $A = \dfrac{\log 2}{\pi}$ にならって $B, C, D, \cdots$ を求めることに全力をそそいで行く．つまり，$\zeta(3), \zeta(5), \zeta(7), \cdots$ を求めることである．その研究は論文の残り一面 B の計算で埋っていて，最後の結論（I – 14, p.462）は

$$B\pi^3 = \frac{\pi^2}{6}\ell 2 - \frac{1}{2^2}\cdot\frac{1}{2\cdot 2} - \frac{1}{3^2}\left(\frac{1}{2\cdot 2} + \frac{1\cdot 3}{2\cdot 4\cdot 4}\right)$$
$$- \frac{1}{4^2}\left(\frac{1}{2\cdot 2} + \frac{1\cdot 3}{2\cdot 4\cdot 4} + \frac{1\cdot 3\cdot 5}{2\cdot 4\cdot 6\cdot 6}\right)$$
$$- \frac{1}{5^2}\left(\frac{1}{2\cdot 2} + \frac{1\cdot 3}{2\cdot 4\cdot 4} + \frac{1\cdot 3\cdot 5}{2\cdot 4\cdot 6\cdot 6} + \frac{1\cdot 3\cdot 5\cdot 7}{2\cdot 4\cdot 6\cdot 8\cdot 8}\right)$$
$$\text{etc.}$$

で終わっている．オイラーにとっては満足の行かない結果だったかも知れないが，明るいオイラーは $\zeta(3)$ の表示が増えたことを喜んでいる．オイラーの論文一般には，いろいろな試みが大らかに残されているのが大きな魅力である．世知辛くなる19 世紀以降には見られなくなる大らかさである．

E432 の解説に戻ろう．オイラーが結論に至る途中で得た式

$$1 + \frac{1}{3^3} + \frac{1}{5^3} + \frac{1}{7^3} + \text{etc.}$$
$$= \frac{1}{8}\pi\pi - \frac{2\alpha\pi^4}{3\cdot 4\cdot 2^4} - \frac{2\beta\pi^6}{5\cdot 6\cdot 2^6} - \frac{2\gamma\pi^8}{7\cdot 8\cdot 2^8} - \text{etc.}$$

は

$$\alpha\pi^2 = \zeta(2),\ \beta\pi^4 = \zeta(4),\ \gamma\pi^6 = \zeta(6),\ \cdots$$

に注意すると

$$\frac{7}{8}\zeta(3) = \frac{\pi^2}{8} - \frac{\pi^2}{2}\sum_{m=1}^{\infty}\frac{\zeta(2m)}{(2m+1)(2m+2)2^{2m}}$$

と言っている．つまり，

$$\zeta(3) = \frac{\pi^2}{7} - \frac{4\pi^2}{7}\sum_{m=1}^{\infty}\frac{\zeta(2m)}{(2m+1)(2m+2)2^{2m}}$$

である．これを（発散級数なしに）証明しておこう．そのために，3 つの等式（A）（B）（C）を用意する：

(A) $\displaystyle\sum_{m=1}^{\infty}\frac{\zeta(2m)}{m2^{2m}} = \log\frac{\pi}{2}$．

第 12 章　ゼータの起源と ζ(3)

(B) $\displaystyle\sum_{m=1}^{\infty}\frac{\zeta(2m)}{m(2m+1)2^{2m}}=\log\pi-1.$

(C) $\displaystyle\sum_{m=1}^{\infty}\frac{\zeta(2m)}{m(2m+2)2^{2m}}=-\frac{7\zeta(3)}{4\pi^2}+\frac{1}{2}\log\pi-\frac{1}{4}.$

これらが示せたとすると.

(D) $=\dfrac{1}{2}\{(\mathrm{A})-(\mathrm{B})\}:\displaystyle\sum_{m=1}^{\infty}\frac{\zeta(2m)}{(2m+1)2^{2m}}=\frac{1}{2}-\frac{1}{2}\log 2,$

(E) $=\dfrac{1}{2}(\mathrm{A})-(\mathrm{C}):\displaystyle\sum_{m=1}^{\infty}\frac{\zeta(2m)}{(2m+2)2^m}=\frac{7\zeta(3)}{4\pi^2}+\frac{1}{4}-\frac{1}{2}\log 2,$

(F) $=$ (C) $-\dfrac{1}{2}$ (B) $=$ (D) $-$ (E) :

$$\sum_{m=1}^{\infty}\frac{\zeta(2m)}{(2m+1)(2m+2)2^{2m}}=-\frac{7\zeta(3)}{4\pi^2}+\frac{1}{4}$$

より目的の等式

$$\zeta(3)=\frac{\pi^2}{7}-\frac{4\pi^2}{7}\sum_{m=1}^{\infty}\frac{\zeta(2m)}{(2m+1)(2m+2)2^{2m}}$$

を得る.

　次に, (A), (B), (C) の証明を行う. どれも, オイラーの公式

$$\sin x=x\prod_{n=1}^{\infty}\left(1-\frac{x^2}{n^2\pi^2}\right)$$

が基本となる.

(A) の証明

$$1=\sin\frac{\pi}{2}=\frac{\pi}{2}\prod_{n=1}^{\infty}\left(1-\frac{1}{4n^2}\right)$$

の対数をとることにより

211

$$0 = \log\frac{\pi}{2} - \sum_{n=1}^{\infty}\sum_{m=1}^{\infty}\frac{1}{m}\left(\frac{1}{4n^2}\right)^m$$

$$= \log\frac{\pi}{2} - \sum_{m=1}^{\infty}\frac{\zeta(2m)}{m2^{2m}}$$

となるので，（A）を得る．

(B) の証明　オイラーの結果

$$-\frac{\pi}{2}\log 2 = \int_0^{\frac{\pi}{2}}\log(\sin x)dx$$

を用いる．ここで，

$$\int_0^{\frac{\pi}{2}}\log(\sin x)dx = \int_0^{\frac{\pi}{2}}\log\Big(x\prod_{n=1}^{\infty}\Big(1-\frac{x^2}{n^2\pi^2}\Big)\Big)dx$$

$$= \int_0^{\frac{\pi}{2}}\log x\,dx - \sum_{n=1}^{\infty}\sum_{m=1}^{\infty}\frac{1}{m}\Big(\frac{1}{n^2\pi^2}\Big)^m\int_0^{\frac{\pi}{2}}x^{2m}dx$$

$$= [x\log x - x]_0^{\frac{\pi}{2}} - \sum_{m=1}^{\infty}\frac{\zeta(2m)}{m\pi^{2m}}\cdot\frac{1}{2m+1}\Big(\frac{\pi}{2}\Big)^{2m+1}$$

$$= \frac{\pi}{2}\log\frac{\pi}{2} - \frac{\pi}{2} - \frac{\pi}{2}\sum_{m=1}^{\infty}\frac{\zeta(2m)}{m(2m+1)2^{2m}}$$

となるので（B）を得る．

(C) の証明　オイラーの結果

$$\zeta(3) = \frac{2\pi^2}{7}\log 2 + \frac{16}{7}\int_0^{\frac{\pi}{2}}x\log(\sin x)dx$$

を使う：その証明は発散級数を用いることなく，既に述べた通りである．ここで，

$$\int_0^{\frac{\pi}{2}} x \log(\sin x) dx = \int_0^{\frac{\pi}{2}} x \log\Big(x \prod_{n=1}^{\infty} \Big(1 - \frac{x^2}{n^2 \pi^2} \Big) \Big) dx$$

$$= \int_0^{\frac{\pi}{2}} x \log x \, dx - \sum_{n=1}^{\infty} \sum_{m=1}^{\infty} \frac{1}{m} \Big(\frac{1}{n^2 \pi^2} \Big)^m \int_0^{\frac{\pi}{2}} x^{2m+1} dx$$

$$= \Big[\frac{x^2}{2} \log x - \frac{x^2}{4} \Big]_0^{\frac{\pi}{2}} - \sum_{m=1}^{\infty} \frac{\zeta(2m)}{m \pi^{2m}} \cdot \frac{1}{2m+2} \Big(\frac{\pi}{2} \Big)^{2m+2}$$

$$= \frac{\pi^2}{8} \log \frac{\pi}{2} - \frac{\pi^2}{16} - \frac{\pi^2}{4} \sum_{m=1}^{\infty} \frac{\zeta(2m)}{m(2m+2)2^{2m}}$$

となるので（C）を得る.

このようにして等式

$$\zeta(3) = \frac{\pi^2}{7} - \frac{4\pi^2}{7} \sum_{m=1}^{\infty} \frac{\zeta(2m)}{(2m+1)(2m+2)2^{2m}}$$

を示すことができた（オイラーの論文の記述を参考にすると練習問題 4 のようにすることもできる）.

ここでの計算には多重三角関数を直接用いることはしなかったが，本章の $\zeta(3)$ に対するオイラーの等式を見るには多重三角関数論がとても有効である. 詳しくは，先に挙げた本『現代三角関数論』を熟読されたい. 同書は，1991 年 4 月〜7 月の東京大学本郷キャンパスにおける私の講義を基にまとめたものである. 本章の話に必要な要点を記しておこう.

三重三角関数を

$$\mathcal{S}_3(x) = e^{\frac{x^2}{2}} \prod_{n=1}^{\infty} \Big\{ \Big(1 - \frac{x^2}{n^2} \Big)^{n^2} e^{x^2} \Big\}$$

とおくと

$$\mathcal{S}_3(x) = \exp\Big(\int_0^x \pi t^2 \cot(\pi t) dt \Big)$$

となるので

$$\log \mathcal{S}_3\left(\frac{1}{2}\right) = \int_0^{\frac{1}{2}} \pi t^2 \cot(\pi t) dt$$

$$= [t^2 \log(\sin \pi t)]_0^{\frac{1}{2}} - 2\int_0^{\frac{1}{2}} t \log(\sin \pi t) dt$$

$$= -2\int_0^{\frac{1}{2}} t \log(\sin \pi t) dt$$

$$= -\frac{2}{\pi^2} \int_0^{\frac{\pi}{2}} x \log(\sin x) dx$$

となる．したがって，オイラーの等式

$$\zeta(3) = \frac{2\pi^2}{7}\log 2 + \frac{16}{7}\int_0^{\frac{\pi}{2}} x\log(\sin x)dx$$

は等式

$$\zeta(3) = \frac{2\pi^2}{7}\log 2 - \frac{8\pi^2}{7}\log \mathcal{S}_3\left(\frac{1}{2}\right)$$

$$= \frac{8\pi^2}{7}\log\left(\mathcal{S}_3\left(\frac{1}{2}\right)^{-1} 2^{\frac{1}{4}}\right)$$

と同値であることがわかる．私が三重三角関数を発見した動機は，オイラーの等式を上記のような簡単な形にまとめあげたいというところにあった．1991年の講義の板書を再現した『多重三角関数論講義』（日本評論社，2010年）では，オイラーの等式から説き起こしているので参照されたい．オイラーの等式が発見された1772年から私の講義の1991年までほぼ220年の時がかかっていたことになる．多重三角関数の発見もオイラーのおかげである．

　単行本に詳述してある通り，多重三角関数には正規版もある．「クロネッカーの青春の夢」などの研究にはそちらが適している．オイラーの等式も，正規版の三重三角関数 $S_3(x)$〔周期は $(1,1,1)$〕を用いると

$$\zeta(3) = \frac{16\pi^2}{3}\log\left(S_3\left(\frac{3}{2}\right)^{-1} 2^{-\frac{1}{8}}\right)$$

と書き換えることができる．$S_3\left(\frac{3}{2}\right)$ は中心値である．このことについては，先の単行本および

黒川信重『リーマンの夢』現代数学社，2017 年 8 月

の第 4 章「オイラーからリーマンへの夢」を読まれたい．とく
に，絶対保型形式

$$f(x) = \frac{x^3}{(x-1)^3}$$

に対して，絶対ゼータ関数 $\zeta_f(s)$ は

$$S_3\left(\frac{3}{2}\right)^{-1} = \zeta_f\left(\frac{3}{2}\right)^2$$

をみたすことから，オイラーの発見した公式

$$\zeta(3) = \frac{2\pi^2}{7}\log 2 + \frac{16}{7}\int_0^{\frac{\pi}{2}} x\log(\sin x)dx$$

は，オイラーの創始した絶対ゼータ関数を用いて

$$\zeta(3) = \frac{16\pi^2}{3}\log\left(\zeta_f\left(\frac{3}{2}\right)^2 2^{-\frac{1}{8}}\right)$$

となるのである．このことについては，『リーマンの夢』問題
4.1 とその解答を見られたい．

多重三角関数は多重ゼータ関数（黒川テンソル積・絶対テン
ソル積）の特別の場合であり，

黒川信重『絶対ゼータ関数論』岩波書店，2016 年

黒川信重『絶対数学原論』現代数学社，2016 年

の絶対ゼータ関数論の一部として統一的に捉えることができ
る．

12.3 練習問題

=== 練習問題 1 ===

$$\mathcal{S}_3\left(\frac{1}{2}\right) = e^{\frac{1}{8}} \prod_{n=1}^{\infty} \left\{ \left(1 - \frac{1}{4n^2}\right)^{n^2} e^{\frac{1}{4}} \right\}$$

から

$$\sum_{m=1}^{\infty} \frac{\zeta(2m)}{(m+1)2^{2m}} = -4 \log \mathcal{S}_3\left(\frac{1}{2}\right) + \frac{1}{2}$$

を示せ.

[解答]

$$\begin{aligned}
\log \mathcal{S}_3\left(\frac{1}{2}\right) &= \frac{1}{8} + \sum_{n=1}^{\infty} \left\{ n^2 \log\left(1 - \frac{1}{4n^2}\right) + \frac{1}{4} \right\} \\
&= \frac{1}{8} - \sum_{n=1}^{\infty} \sum_{m=2}^{\infty} \frac{n^2}{m} \left(\frac{1}{4n^2}\right)^m \\
&= \frac{1}{8} - \sum_{m=2}^{\infty} \frac{\zeta(2m-2)}{m2^{2m}} \\
&= \frac{1}{8} - \frac{1}{4} \sum_{m=1}^{\infty} \frac{\zeta(2m)}{(m+1)2^{2m}}
\end{aligned}$$

であるから

$$\sum_{m=1}^{\infty} \frac{\zeta(2m)}{(m+1)2^{2m}} = -4 \log \mathcal{S}_3\left(\frac{1}{2}\right) + \frac{1}{2}$$

が成立する. [解答終]

=== 練習問題 2 ===

等式

$$\zeta(3) = \frac{8\pi^2}{7} \log\left(\mathcal{S}_3\left(\frac{1}{2}\right)^{-1} 2^{\frac{1}{4}} \right)$$

を示せ.

第 12 章　ゼータの起源とζ (3)

［**解答**］　ここでは，練習問題 1 を使って示す．12.2 で証明した等式（E）を

$$\frac{1}{2}\sum_{m=1}^{\infty}\frac{\zeta(2m)}{(m+1)2^{2m}} = \frac{7\zeta(3)}{4\pi^2} + \frac{1}{4} - \frac{1}{2}\log 2$$

の形にして練習問題 1 と比較すると

$$-2\log \mathcal{S}_3\left(\frac{1}{2}\right) + \frac{1}{4} = \frac{7\zeta(3)}{4\pi^2} + \frac{1}{4} - \frac{1}{2}\log 2$$

となるので

$$\zeta(3) = \frac{8\pi^2}{7}\log\left(\mathcal{S}_3\left(\frac{1}{2}\right)^{-1}2^{\frac{1}{4}}\right)$$

を得る．　　　　　　　　　　　　　　　　　　　　　　　　［**解答終**］

── **練習問題 3** ──

12.1 でオイラーの述べている §8 における Z の変形を説明せよ．

［**解答**］ 2 つとも同様なので，前半の

$$Z = 4\log 2 - 9\log 3 + 16\log 4 - 25\log 5 + \cdots$$

からの変形について説明する．平方数 4, 9, 16, 25, … を連続する三角数 1, 3, 6, 10, … 2 つの和で書けばよい：

$$4 = 1+3,\ 9 = 3+6,\ 16 = 6+10,\ 25 = 10+15,\ \cdots$$

より

$$Z = 1\log 2 - 3\log\frac{3}{2} + 6\log\frac{4}{3} - 10\log\frac{5}{4} + \cdots.$$

　　　　　　　　　　　　　　　　　　　　　　　　　　　［**解答終**］

217

練習問題 4

二重三角関数

$$\mathcal{S}_2(x) = e^x \prod_{n=1}^{\infty} \left\{ \left(\frac{1 - \frac{x}{n}}{1 + \frac{x}{n}} \right)^n e^{2x} \right\}$$

と三重三角関数

$$\mathcal{S}_3(x) = e^{\frac{x^2}{2}} \prod_{n=1}^{\infty} \left\{ \left(1 - \frac{x^2}{n^2} \right)^{n^2} e^{x^2} \right\}$$

を用いて次を示せ.

(1) $F(x) = \displaystyle\sum_{m=1}^{\infty} \frac{\zeta(2m)}{(2m+1)(2m+2)} x^{2m+2}$ $(|x| < 1)$

   とおくと

$$F(x) = \frac{1}{2} \log \mathcal{S}_3(x) - \frac{x}{2} \log \mathcal{S}_2(x) + \frac{x^2}{4}.$$

(2) $F\left(\dfrac{1}{2} \right) = \dfrac{1}{2} \log \mathcal{S}_3\left(\dfrac{1}{2} \right) - \dfrac{1}{8} \log 2 + \dfrac{1}{16}$

$$= -\frac{7\zeta(3)}{16\pi^2} + \frac{1}{16}.$$

［解答］

(1) $\log \mathcal{S}_2(x) = x - 2 \displaystyle\sum_{m=1}^{\infty} \frac{\zeta(2m)}{2m+1} x^{2m+1}$,

   $\log \mathcal{S}_3(x) = \dfrac{x^2}{2} - 2 \displaystyle\sum_{m=1}^{\infty} \frac{\zeta(2m)}{2m+2} x^{2m+2}$

   となるので, 等式が得られる. $F(x)$ は微分方程式

$$\begin{cases} F''(x) = \dfrac{1}{2} - \dfrac{\pi x}{2} \cot(\pi x) \\ F(0) = F'(0) = 0 \end{cases}$$

   の解として定まることに注意する.

第 12 章　ゼータの起源と $\zeta(3)$

(2) (1) において $x = \dfrac{1}{2}$ とした上で

$$\mathcal{S}_2\left(\frac{1}{2}\right) = \sqrt{2}, \quad \mathcal{S}_3\left(\frac{1}{2}\right) = 2^{\frac{1}{4}} \exp\left(\frac{-7\zeta(3)}{8\pi^2}\right)$$

を用いればよい．これは 12.2 の等式 (F) の別証を与えている．

[**解答終**]

　これにて，オイラーのゼータ関数論を巡る旅を終る．オイラーの視野の広さは未来を明るく照らしている．

第 13 章

オイラーから
深リーマン予想へ

　オイラーの発見したオイラー積と絶対保型形式・絶対ゼータ
関数を統合すると深リーマン予想への道が見えてくる．オイラ
ーが指し示していたことをまとめておこう．

13.1　オイラー積の超収束と深リーマン予想

　オイラー積に対して，通常の絶対収束域の左側にまで"収束
域"が伸びることが「深リーマン予想」の基本であり，簡明な
形では，関数等式の中心における"収束"を言っている．これ
は驚くべき事柄であり，まさに"超収束"である．

　深リーマン予想（Deep Riemann Hypothesis＝DRH）は第1
章1.5節で述べた通り，リーマン予想より強い予想である．も
ともと，有理数体上の楕円曲線のハッセゼータ関数の場合には，
1965年のバーチとスウィンナートンダイヤーの論文に現れて
いたのであったが，現代の数学史からは，いわゆる「バーチ・
スウィンナートンダイヤー予想（BSD予想）」（リーマン予想
も属している数学七大問題のひとつ）という形しか注目されて
来なかった．本来の「BSD予想」には深リーマン予想が含ま
れていたことが忘れ去られている．

　深リーマン予想については，第1章に挙げた『リーマン予
想の探究』（2012年）などを読まれたい．なお，同書が「深リ

ーマン予想（DRH）」を述べた最初であり，6年前のことであった．世界の潮流は遅れており，深リーマン予想は，まだまだ認識されていない．

ここでは，リーマンゼータ関数 $\zeta(s)$ の場合を紹介したい．この事に関しては，赤塚広隆さん（小樽商科大学）による論文が詳しく，最良の研究成果である：

H. Akatsuka "The Euler product for the Riemann zeta-function in the critical strip" Kodai Mathematical Journal 40 (2017) 79–101 [「リーマンゼータ関数に対する臨界帯におけるオイラー積」『工大数学雑誌』第 40 巻].

そのために，素数分布論で定番となっている関数

$$\psi(x) = \sum_{p^m \le x} \log p$$

を用いる．ここで，p は素数，$m \ge 1$ は自然数である．通常の「素数定理」とは x 以下の素数の個数 $\pi(x)$ を扱っていて，

$$\pi(x) \sim \frac{x}{\log x} \quad (x \to \infty)$$

と書かれるものである．それは

$$\psi(x) \sim x \quad (x \to \infty)$$

つまり

$$\lim_{x \to \infty} \frac{\psi(x)}{x} = 1$$

と同値である．さらに，リーマン予想は

リーマン予想 $\iff$ $\pi(x) = \mathrm{Li}(x) + O(x^{\frac{1}{2}} \log x)$

と書き直すことができるのであるが，$\psi(x)$ を用いると

第 13 章　オイラーから深リーマン予想へ

$$\text{リーマン予想} \iff \psi(x) = x + O(x^{\frac{1}{2}}(\log x)^2)$$

と書き表わすことができる．ただし，

$$\mathrm{Li}(x) = \int_0^x \frac{dt}{\log t}$$

$$= \lim_{\varepsilon \downarrow 0}\left(\int_0^{1-\varepsilon} \frac{dt}{\log t} + \int_{1+\varepsilon}^x \frac{dt}{\log t}\right)$$

は対数積分である．$\pi(x)$ を使うより $\psi(x)$ の方が記述が簡単になっている．

　すると，$\zeta(s)$ に対する深リーマン予想は

$$\text{深リーマン予想} \iff \lim_{x \to \infty} \frac{\displaystyle\prod_{\substack{p \le x \\ p:素数}}(1-p^{-\frac{1}{2}})^{-1}}{\exp(\mathrm{Li}(x^{\frac{1}{2}}))} = -\sqrt{2}\,\zeta\left(\frac{1}{2}\right)$$

$$\iff \lim_{x \to \infty} \frac{\psi(x) - x}{x^{\frac{1}{2}}\log x} = 0.$$

という，実に明快な形になっている（赤塚）．

　ここで，$\psi(x)$ に対する明示式（explicit formula）

$$\psi(x) - x = -\sum_{\hat{\zeta}\left(\frac{1}{2}+i\gamma\right)=0} \frac{x^{\frac{1}{2}+i\gamma}}{\frac{1}{2}+i\gamma} - \frac{1}{2}\log\left(1 - \frac{1}{x^2}\right) - \log(2\pi)$$

に注意しておこう．ただし，$\hat{\zeta}(s)$ は完備リーマンゼータ関数であり，$\frac{1}{2}+i\gamma$ はリーマンゼータ関数の本質的零点を動く．すると

$$\text{深リーマン予想} \iff \lim_{x \to \infty} \frac{1}{\log x} \sum_{\hat{\zeta}\left(\frac{1}{2}+i\gamma\right)=0} \frac{x^{i\gamma}}{\frac{1}{2}+i\gamma} = 0$$

となることがわかる。リーマン予想のように有界性ではなくて、0 に収束すること ——∞ に零点をもつこと—— が大きな違いである。深い真理の方が単純（simple）なのである。

13.2 絶対保型形式の導入

オイラーは，第 5 章〜第 10 章で詳しく見た通り，絶対保型性

$$f\left(\frac{1}{x}\right) = Cx^{-D}f(x) \quad (x>0)$$

をもつ絶対保型形式に付随する絶対ゼータ関数

$$\zeta_f^{\text{Euler}}(s) = \exp\left(\int_0^1 \frac{f(x)}{\log x}\, x^{s-1} dx\right)$$

を考察していたのであった（1774 年〜 1776 年;67 歳〜 69 歳）。

オイラーが扱った $f(x)$ としては，第 6 章の

$$f_{\mathbb{G}_m^n}(x) = (x-1)^n$$

や第 8 章の

$$f_{n,b,c}(x) = \frac{(x^b-1)(x^c-1)}{x^n-1}$$

のような有理関数が多いのであるが，第 9 章の

$$f_\alpha(x) = \sin(\alpha \log x)$$

なども研究している。ちなみに，絶対保型性は

$$f_{\mathbb{G}_m^n}\left(\frac{1}{x}\right) = (-1)^n x^{-n} f_{\mathbb{G}_m^n}(x),$$

$$f_{n,b,c}\left(\frac{1}{x}\right) = -x^{-(b+c-n)} f_{n,b,c}(x),$$

$$f_\alpha\left(\frac{1}{x}\right) = -f_\alpha(x)$$

である。さらに，オイラーの計算した

$$\int_0^1 \frac{\sin(\log x)}{\log x}\, dx = \frac{\pi}{4}$$

は

$$\zeta_{f_1}^{\text{Euler}}(1) = e^{\frac{\pi}{4}}$$

という絶対ゼータ関数の見事な特殊値表示であった.

13.3 統合

いま,

$$f_{\mathbb{Z}}^1(x) = \sum_{\hat{\xi}\left(\frac{1}{2}+i\gamma\right)=0} \frac{\sin(\gamma \log x)}{\gamma \log x}$$

とおこう. すると

$$f_{\mathbb{Z}}^1\left(\frac{1}{x}\right) = f_{\mathbb{Z}}^1(x)$$

という絶対保型性をみたす絶対保型形式となる. さらに, 深リーマン予想は

$$\lim_{x \to \infty} f_{\mathbb{Z}}^1(x) = 0$$

つまり

$$f_{\mathbb{Z}}^1(\infty) = 0$$

という, $x = \infty$ における零点の存在を表していると考えるのが自然であり, しかも一般のゼータ関数にも拡張しやすい,

ちなみに，オイラーの扱った場合の例では，$x=\infty$ における零点の存在条件は

$$f_{n,b,c}(\infty)=0 \iff n>b+c$$

である．

　このようにして，オイラー積の超収束を言っている深リーマン予想という明快な形に目標を定めると，絶対保型形式から深リーマン予想への道が見えてくるのである．しかも，それはすべてオイラーが指し示していたのであった．オイラーは光を与えてくれる．

索　引

■ 1～9，A～Z

L 関数　5
21 世紀数学の流れ　156
21 世紀数学への挑戦状　127

■あ行

一元体上の数学　16
一様収束級数　121
一般化されたオイラー定数　86
因数分解　12
ウォリス　50
ウォリスの公式　42
エプシュタインゼータ関数　12
円周率　6
円分型　127
オイラー　1
オイラー積　19
オイラー積の誕生宣言　37
オイラー積表示　6
オイラー積分解　5
オイラー全集　19
オイラー定数　75
オイラー定数の積分表示　109
オイラーに完敗　132
オイラーの積分表示　193
オイラーの絶対ゼータ関数研究　127
オイラーの若い頃　181
オレーム　1

■か行

解析接続　8，46
解析的予言　155
関数等式　8，193
完全乗法的　53
完全対称な関数等式　193

ガロア表現のゼータ関数　13
ガンマ関数　7
ガンマ関数の公式　153
逆正接　146
究極の単純理論　18
強力な数学人工知能　132
極限公式　85
黒川テンソル積　17
クロトーネ　2
クロトン　1
クロネッカーの極限公式　86
群の既約表現　9
形式的証明　22
原子論　16
弦理論　16
合同ゼータ関数　13
固有値解釈　13
コルンブルムのゼータ関数　13
コンサニ　99
コンドルセへの手紙　134
コンヌ　99

■さ行

佐藤幹夫のゼータ関数　13
三角関数　6
三重三角関数　213
ジーゲル　11
ジーゲルゼータ関数　13
射影空間　87
写経　62
条件収束　51
状態和　16
深リーマン予想　14
スーレ　99
スーレのゼータ関数　13

数学史を誤認　145
スターリングの公式　107
正則関数　47
積分解　1
積分表示　8, 82
正規化されたオイラー定数　86
正規版の三重三角関数　214
ゼータ関数　5
ゼータ関数の行列式表示　13
ゼータ関数論　1
絶対数学　9, 16
絶対ゼータ関数　13, 17, 87
絶対ゼータ関数の構成法　154
絶対ゼータ関数論の展開　145
絶対テンソル積　17
絶対保型形式　17, 100
絶対保型性　153
セルバーグゼータ関数　13
素因数分解　12
双対性　194
素数　2
素数概念　12
素数の逆数和　68
素数分布論　9

■た行

対数微分　88, 191
台形　94
代数体のゼータ関数　12
代数的トーラス　87
太陽　194
タウベル型定理　54
多重ガンマ関数　9
多重三角関数　9
多重三角関数論　9, 206
多重ゼータ関数　9
「正しい」解析接続法　22
淡中圏　9
淡中忠郎　9

中心オイラー積　14
中心値　214
調和数　88
調和数列　75
月　194
定積分の計算　132
ディリクレ　9
ディリクレ L 関数　12
デデキントゼータ関数　12
特殊値の明示公式　6

■な行

二重三角関数　206

■は行

バーゼル問題　190
バーチ・スウィンナートンダイヤー
予想　14
発見的証明　22
発散級数の名人　205
ハッセゼータ関数　13
ハッセの論文　121
バビロニア数学　12
ピタゴラス　1
ピタゴラス学校　1
ピタゴラスの定理　12
フェルマー予想　16
フルビッツゼータ関数　12
分配関数　16
ベルヌイ数　6
ベルヌイ数の母関数　192
保型形式　6
保型形式のゼータ関数　13
保型表現のゼータ関数　13

■ま行

マーダバ　1
マーダバ級数　5
マニン　18

マニンの講義録　17
無限数論　50
無限積分解　190
メルテンス　51

■や行

ユークリッド『原論』　12
有理型関数　46
有理数　73
四つのゼータの統一理論　16
四つの力の統一理論　16

■ら行

ラフォルグ　99
ラマヌジャン　6
ラマヌジャンのゼータ関数　13
ランズランズ・ガロア群　9
ラングランズのゼータ関数　13
ラングランズ予想　16
リーマン　8
リーマンゼータ関数　46
リーマン面のゼータ関数　13
リーマン予想　11, 193
リーマン予想の解決　17
リーマン予想の先へ　51
留数　86
零点　6
レルヒの極限公式　86

229

著者紹介：

黒川信重 (くろかわ・のぶしげ)

1952 年生まれ

1975 年　東京工業大学理学部数学科卒業

　　　　東京工業大学名誉教授，ゼータ研究所研究員

　　　　理学博士．専門は数論，ゼータ関数論，絶対数学

主な著書 (単著)

『数学の夢 素数からのひろがり』岩波書店，1998 年

『オイラー , リーマン , ラマヌジャン 時空を超えた数学者の接点』岩波書店，2006 年

『オイラー探検　無限大の滝と 12 連峰』シュプリンガー・ジャパン，2007 年；丸善出版，2012 年

『リーマン予想の 150 年』岩波書店，2009 年

『リーマン予想の探求　ABC から Z まで』技術評論社，2012 年

『リーマン予想の先へ　深リーマン予想 ──DRH』東京図書，2013 年

『現代三角関数論』岩波書店，2013 年

『リーマン予想を解こう 新ゼータと因数分解からのアプローチ』技術評論社，2014 年

『ゼータの冒険と進化』現代数学社，2014 年

『ガロア理論と表現論　ゼータ関数への出発』日本評論社，2014 年

『大数学者の数学・ラマヌジャン／ζの衝撃』現代数学社，2015 年

『絶対ゼータ関数論』岩波書店，2016 年

『絶対数学原論』現代数学社，2016 年

『リーマンと数論』共立出版，2016 年

『ラマヌジャン探検 ──天才数学者の奇蹟をめぐる』岩波書店，2017 年

『絶対数学の世界 ──リーマン予想・ラングランズ予想・佐藤予想』青土社，2017 年

『リーマンの夢』現代数学社，2017 年

『オイラーとリーマンのゼータ関数』日本評論社，2018 年

ほか多数．

オイラーのゼータ関数論

2018 年 11 月 23 日　　　　初版 1 刷発行

検印省略

© Nobushige Kurokawa,
2018　Printed in Japan

著　者　　黒川信重
発行者　　富田　淳
発行所　　株式会社　現代数学社
〒 606-8425 京都市左京区鹿ヶ谷西寺ノ前町 1
TEL 075 (751) 0727　　FAX 075 (744) 0906
http://www.gensu.co.jp/

装　幀　　中西真一（株式会社 CANVAS）

印刷・製本　　亜細亜印刷株式会社

ISBN 978-4-7687-0497-4

● 落丁・乱丁は送料小社負担でお取替え致します.
● 本書のコピー、スキャン、デジタル化等の無断複製は著作権法上での例外を除き禁じられています。本書を代行業者等の第三者に依頼してスキャンやデジタル化することは、たとえ個人や家庭内での利用であっても一切認められておりません。